小牛顿科学馆

课堂上听不到的 的
奇趣生物
知识

王维浩◎编著

中国纺织出版社

内 容 提 要

　　翻开本书，将带你进入一段奇趣的知识旅程！本书避开教科书的枯燥理论，以小故事、趣味推理、生活现象等多种形式为内容，为小读者揭开一个个课堂上和课外的生物知识小谜团。它能调动你全部的学习兴趣，培养你利用已学知识作为"工具"，自己解决问题的学习能力。本书内容丰富，版式新颖，并配以活泼有趣的插图，以及趣味十足的生物知识小游戏、小问题，在启发思维、激发想象力、开发创造力的同时，带你轻松畅游生物知识的海洋，为你开启学习的另一扇窗！

图书在版编目（CIP）数据

　　课堂上听不到的奇趣生物知识 / 王维浩编著.—北京：中国纺织出版社，2014.6 （2022.6重印）

　　（小牛顿科学馆）

　　ISBN 978-7-5180-0319-8

　　Ⅰ.①课…　　Ⅱ.①王…　　Ⅲ.①生物学—儿童读物 Ⅳ.①Q-49

　　中国版本图书馆CIP数据核字（2014）第033645号

责任编辑：宋　蕊　　　责任印制：储志伟

中国纺织出版社出版发行

地址：北京市朝阳区百子湾东里A407号楼　邮政编码：100124

销售电话：010－87155894　传真：010－87155801

http://www.c-textilep.com

E-mail: faxing@c-textilep.com

官方微博http://weibo.com/2119887771

三河市延风印装有限公司印刷　　各地新华书店经销

2014年6月第1版　2022年6月第2次印刷

开本：710×1000　1/16　印张：11.5

字数：98千字　定价：39.80元

凡购本书，如有缺页、倒页、脱页，由本社图书营销中心调换

前言

QIAN YAN

"小牛顿科学馆"丛书共分为四册：《课堂上听不到的奇趣生物知识》、《课堂上听不到的奇妙物理知识》、《课堂上听不到的神奇化学知识》、《课堂上听不到的趣味数学知识》。

本套图书避开教科书式的枯燥理论，将课堂上应学会和课堂以外应知的相应科学知识通过趣味推理小故事和生活中的奇趣现象等实例引出，向小读者讲解相关的科学知识、常识，引导小读者关注隐藏在我们身边的科学知识，激发他们的学习兴趣，启发他们的思维。本套丛书内容丰富，版式新颖，并配以活泼可爱的插图，更增添了一些有趣的科学知识小游戏和激发创造力的小问题，让小读者在充满轻松趣味的氛围中学到知识、巩固知识、运用知识，同时打开小读者们的思维，帮助他们构建科学知识与日常生活之间的联想，开拓他们的想象力，在潜移默化中培养他们科学的思维方法、有效解决问题的方法以及学习、生活中必不可少的创造力！

同学们，你知道吗，当你翻开本书的时候，它将带你进入一段有趣的知识旅程！本书不再是教科书中使人望而生畏的生物理论，而是以小故事、趣味推理、生活现象等多种形式为内容，为你揭开身边的一个个关于生物的小秘密。它能调动你全部的学习兴趣，激发你对生物学的热爱，培养你利用已会的知识作为"工具"，解决生活中遇到问题的学习能力。

　　本书在带领你品味奇妙故事的同时，使你获得更多的知识；在启发你的思维、想象力，开发你的创造力的同时，带你轻松畅游生物知识的海洋，为你开启学习的另一扇窗！

编著者

2014年3月

contents

一

动物世界里的奇闻趣事

我去买点胃痛药，胃病犯了，真受不了！

三 神奇的人体"大工厂"

四

小小世界中的大秘密
——微生物

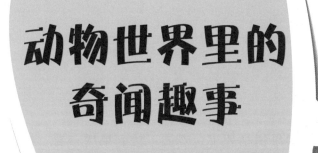

动物世界里的奇闻趣事

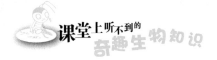

1.谁是真正的凶手

校园里一棵果树枯死了。老园丁拔起果树一看，树根上有好几处都被虫子咬坏了。老园丁不知道是谁把果树害死了，他正在想该如何缉拿凶手。这时候，旁边一棵树上的蝉开口了：它一会儿说螳螂，一会儿又说是蟋蟀。但是它的伪证都被蜻蜓给戳穿了。

"知了，知了，你太不老实了！"蜻蜓气愤地说，"你从卵里一孵化出来，就钻到地底下，躲在树根旁边了。那个时候，你只是一条瘦瘦的小虫，也没有穿上帝晶的玻璃纱大衫。你每天都偷偷地吃树根的汁液，吃了三四年，吃得身体胖胖的，这才爬到地面上来，挂在树枝上，脱去一件硬外套，变成现在这个样子。再说你那张嘴，虽然只是一根细管子，可是厉害着哪！你把它插进树皮里，靠它吸树干的汁液过日子。就是你害死了果树，你还在这儿陷害螳螂和蟋蟀！"

经蜻蜓这么一说，老园丁终于知道谁是真正的凶手了，最后把蝉给打死了。

知识链接

能听见的声音频率范围非常狭窄，它们仅仅能听到自己同伴发出来的那种尖叫声，而不易听到其他频率的声音。或许我们都有这样的经历，即使我们在树下大叫大嚷，把鸟儿都吓飞了，然而蝉却照旧在"歌唱"。怪不得人们送给它一个外号——"聋子歌王"。

眼界大开

蝉的种类很多，个头大小相差悬殊：世界上最小的蝉比手指头还小，最大的蝉是南洋群岛的蝉王，两个翅膀展开足足有20厘米长，像一只小鸟！

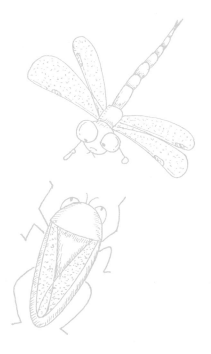

2.骆驼为什么会生活在沙漠里

小朋友，你应该见过骆驼吧？你知道骆驼最早生活在什么地方吗？

骆驼最早生活在北美洲，它们有的身高才1米左右，像羚羊一样善于奔跑；有的高达3米以上，像长颈鹿般伸长了脖子，专门摘食树上的新鲜树叶。它们丝毫没有沙漠生活的习性。

由于当时的食物来源丰盛，骆驼根本用不着在背上长出累赘的驼峰来贮藏缺食期间维持生命的脂肪。所以，那时候的骆驼是没有驼峰的。

就这样，骆驼无忧无虑地生活在新大陆的老家，过了上千万年的舒适生活。

到了第三纪末期，北美洲的气候变冷了，森林遭到破坏，面积不断缩小，出现了一大片、一大片的干旱草原。骆驼过不惯这种艰苦的日子，只好成群结队穿过连接美洲和亚洲的"白令陆桥"，进入陌生的亚洲大陆寻找新的生活环境。

可是谁知道，这儿的干旱草原的面积更大，许多地方还有寸草不生的沙漠分布，比美洲的老家更糟糕。

严峻的事接踵而来，寒冷的第四纪冰期开始了，北方大地上布满了银色的冰川。骆驼的后路被切断了，它们再也没有办法沿着来时的道路返回美洲的老家了，只好十分委屈地留在新的地方生活。

在干旱草原和沙漠里生活，首先就要学会忍受干渴的煎熬。于是骆驼的血液也发生了变化。和别的动物相比，即使在沙漠烈日的曝晒下，它体内的血液循环也会畅通无阻，可以正常生活。此外，由于干旱草原和沙漠的恶劣气候，导致骆驼的食物、水源严重不足，渐渐地，骆驼的身体为适应生存环境发生了一些必要改变，那就是驼峰的出现，驼峰的出现使骆驼在如此恶劣的环境中生存了下来。

就这样，骆驼世代一直在沙漠里生活着。

知识链接

骆驼的驼峰有什么用

骆驼是沙漠中典型的动物，它之所以能够在缺吃少喝而且非常炎热的地理环境中生存下来，靠的是背上的驼峰。骆驼的驼峰里有大量的脂肪，在没有吃没有喝的情况下，要靠这些脂肪维持生命。驼峰长在骆驼背上，就像装满食品的旅行袋，骆驼背上它能在沙漠中自由行走，不怕没水喝、没食物吃。

3.超越生命的母爱

　　曾经有一家医学实验项目要用成年小白鼠做一种药物试验。在一群小白鼠中，有一只雌鼠，腋根部长了一个绿豆大的硬块，于是被科研人员淘汰了。因为工作人员想了解一下硬块的性质，就把它放入了一个塑料盒中，单独饲养。十几天过去了，肿块越长越大，小白鼠的腹部也逐渐大了起来，活动显得很吃力。

　　有一天，工作人员突然发现，这只小白鼠不吃不喝，焦躁不安起来。工作人员认为，小白鼠大概寿命已尽，就转身去拿手术刀，正当他打开手术包准备解剖它时，却被一幕景象惊呆了。

　　小白鼠艰难地转过头，死死咬住已有大拇指大的肿块，猛地一扯，皮肤裂开一道口子，鲜血汩汩而流，小白鼠疼得全身颤抖，此情此景令人不寒而栗。稍后，它一口一口地吞食将要夺去它生命的肿块，每咬一下，都伴着身体的痉挛。就这样，一大半肿块被它咬下来吞食了。

　　第二天一早，工作人员匆匆来到小白鼠面前，看看它是否还活着。让人吃惊的是，小白鼠身上居然卧着一堆粉红色的小鼠仔，正拼命吮吸着乳汁，这位工作人员数了一下，整整有10只。

　　那时小白鼠的伤口已经停止了出血，但是左前肢腋部由于扒掉了肿块，白骨外露，惨不忍睹。不过鼠妈妈的精神明显好转，活动也多了起来。

恶性肿瘤还在无情地折磨着这只小白鼠。工作人员真担心这些可怜的小东西会因为母亲的随时离去而被饿死。

看着10只渐渐长大的鼠仔拼命地吸吮着身患绝症、骨瘦如柴的母鼠的乳汁，工作人员心里很不是滋味。他知道了母鼠为什么一直在努力延长自己生命的原因，但不管怎么样，它随时都有可能死去。

这一天终于来了，在生下鼠仔21天后的早上，小白鼠安静地卧在盒子中间，一动不动了。10只鼠仔静静地围在四周。

这时候工作人员猛然想起，小白鼠的断乳期是21天，也就是说，从今天起，鼠仔不需要母鼠的乳汁就可以独立生活了。

工作人员望着盒子中的那只小鼠，很久很久。

母爱是伟大的，是可以超越生命的！即使是动物的母爱也同样如此。

知识链接

老鼠

老鼠是一种啮齿动物，形体有大有小，种类繁多。老鼠的数量也很多，并且繁殖速度很快，这有一部分原因得益于它们顽强的生命力，它们几乎什么都能吃，在什么地方都可以住，会打洞、上树、爬山、涉水，但是它们对于人类来说，危害因为它们糟蹋粮食、传播疾病，所以一直受到人类的打击，但老鼠的繁殖力很强，跑的速度也很快，因此是一个很难被消灭的动物，所以"鼠"字头顶着一个"臼"，意为"能耐受捣击"。鼠之所以被尊称为"老"，是因为它像退休养老的人一样，成天吃吃喝喝，不用劳动。

南美洲是个美丽如画的地方，这里每天都吸引着来自世界各地的游客。

一天，一条小河边来了一队游客。人们兴奋地赞美这风景如画的地方。可就在这时，一位游客不小心使临近河边的一片草丛着起了火。火舌借着风势游走着，像一条红色项链围向一个小山丘。

突然，人们发现，一群蚂蚁被火包围住了。黑压压的一群蚂蚁被困在火圈里，向山丘中心聚集。

人们看见被火围住的蚂蚁们被吓得东奔西窜，可以看得出，它们竟想冲出这火圈。

热浪夹杂着蚂蚁被烧时发出的"劈啦"声。黑烟上升，空气中弥漫着蚂蚁被烧焦的气味。

"这群可怜的蚂蚁肯定要葬身火海了。"有人发出惋惜声。大家都沉浸在一种悲哀的气氛中。

这时，奇迹出现了：这群蚂蚁并没有束手待毙，它们在用头上的触角相互碰撞之后，迅速地扭成一团，突然向河岸方向滚去。

蚁团在草丛间快速滚动，闯过地上还冒着红火青烟的草地。人们听见外层蚂蚁身体被烧焦后的爆裂声，但蚁团却不见缩小。被烧焦的"英雄"们肝胆俱裂，但为活着的同伴，却毫不松动。

蚁团冲出了火圈，冲进河里，向对岸滚去。

看到大多数蚂蚁得救了，人们才松了一口气。

河面上升起一层薄薄的烟雾，岸上的人们陷入沉思中。

知识链接

蚂蚁为什么力大无穷

蚂蚁力大的全部奥妙在于腿部的肌肉，它们简直就是一台台高效的发动机组。蚂蚁的腿在运动时，肌肉产生一种酸性物质，这种物质可以引起蚂蚁体内一种特殊的"燃料"的急剧变化，从而使它的肌肉迅速收缩，进而产生巨大的动力，这样一来，蚂蚁就能将比自己重几十倍的东西举起来了。

眼界大开

蚂蚁死亡之后，还会发出一种特殊的气味。这种气味告诉伙伴们，它已经死了。伙伴们闻到这种气味，会立刻把它埋葬。这样，尸体就不会在巢里腐烂了。如果把释放这种气味的物质提取出来，涂抹在活蚂蚁身上，那么这只活蚂蚁也会被它的同伴们不分青红皂白地抬出去活埋掉。原来它们是认"味"而不认"人"的。

5. 好斗的歌手

我们知道，蟋蟀是个好斗的家伙，不过，蟋蟀在昆虫界也是一个出名的歌唱高手。

每到夏日的夜晚，你会听到栖身于草丛中的昆虫的鸣叫。它们轮番登场，此呼彼应，有时还会同时引吭高歌，仿佛是自然界的合唱团。在这些虫声之中，纺织娘的曲调洪大高亢，犹如千军万马之奔驰；蟋蟀的歌声虽然没有那么嘹亮，却要优美、清脆得多，犹如高山流水之妙曲。

虽说蟋蟀的鸣声清脆优美、婉转动听，但蟋蟀并没有动人的歌喉，这"歌声"完全是靠翅膀的摩擦发出的，而且只有雄蟋蟀才会"唱"出歌来。

雄蟋蟀的前翅复面基部，有一条弯曲而突起的棱，叫做翅脉。上面密密地长着许多三角形的齿突，好像硬币边缘上的齿纹一样，这叫做音锉。雄蟋蟀右前翅的音锉比左前翅的音锉发达得多。前翅靠近音锉的内侧边缘，有个硬化的部分，叫做刮器，当左、右前翅抬起，和它的身体背面成四十五度角的时候，双翅的两侧横向开闭，正好使左前翅的刮器和右前翅的音锉互相摩擦，就发出响亮的"哩哩哩哩"的声音了。

知识链接

蟋蟀的耳朵

蟋蟀也有听觉灵敏的"耳朵"。奇怪的是它们的"耳朵"并不是长在头上，而是长在一对前足的小腿缝隙里。如果声音来自左边或是右边，蟋蟀听起来最清楚；如果声音来自正前方或正后方，听起来就没那么清楚了。

"耳朵"长在足上，有没有好处呢？有的。当蟋蟀听到声音以后，稍微转动一下身体，就可以判断声音来自哪里。这样，蟋蟀的"耳朵"就起了声音测向器的作用，这对它们来说，用处是很大的。

眼界大开

为什么雄蟋蟀好斗

蟋蟀是单独生活的昆虫，雄蟋蟀常常为争夺食物，或者要抢占一块地方，鸣叫争斗。如果有别的雄蟋蟀冒失地闯进属于自己的领地，这里的主人就会发出警告的叫声。入侵者往往不会自动退却，而会以响亮的声音应战。两雄争鸣，最后会导致一场激烈的蟋蟀格斗。蟋蟀的咀嚼式口器上有两把"利剑"，这是它们格斗的武器。如果其中一方不战自退或是经过格斗落荒而逃，得胜的一方就会发出骄傲得意的叫声。

6.威尔考克斯的恶作剧

　　有一次，美国动物学家威尔考克斯教授在澳大利亚的一个池塘边发现，一只雄水黾停留在水面上，用它的两只前足有节奏地叩击水面。这时候，平静的水面泛起粼粼微波，微波慢慢向四周扩散，形成一个又一个的同心圆。过了一会儿，有一只雌水黾就向这边游来，游一段，停下来，也叩几下水面，然后再游一段。

　　这个不寻常的现象，立即引起了威尔克斯教授的注意。经过认真研究，秘密揭开了：水黾是在利用它们特有的语言进行"对话"。那些通过振动水面产生的微波，就是水黾的"语言"。

　　然后又经过长期的观察和研究，威尔考克斯教授成功地翻译出水黾的"电报密码"。后来，威尔考克斯教授还利用他的研究成果，对这些水面"电报"的"收发员"们搞了一次恶作剧。他制作了一只小巧的电子仪器，把它安装在池塘里，通过岸上的无线电遥控器遥控，用这只电子仪器模拟水黾"发报"。

　　电子仪器发出的假"电报"和真"电报"一模一样，能够以假乱真。威尔考克斯教授用电子仪器模仿雄水黾发出求偶"电报"，结果竟使得不少雌水黾匆匆赶来。它们做梦也没有想到，这原来是我们的大生物学家给它们设下的一场骗局，最后，这群雌水黾们只得乘兴而来，败兴而归。

知识链接

水黾为什么不会下沉

由于水的表面具有张力，水黾的体重又很轻，它的脚细长而向两侧弯曲，不会弄破水面因而张力而形成的薄膜，再加上水黾的脚尖上还有很多排斥水的细毛，所以水黾能浮在水面上而不会下沉。

 眼界大开

用"吸管"进食的水黾

水黾是一种终生生活在水里的昆虫，可以说它是一支昆虫的水上部队。

有一次，一位美国科学家发现，在新英格兰地方的一个池塘边，有一只蚂蚁掉进了池水里。蚂蚁不会游泳，在水里挣扎。水面的微波被附近的水黾觉察到了。它们转过身来，以最快的速度划游过去。水黾把针一样的刺吸式口器灵巧地刺入蚂蚁身体把一种麻醉性分泌液注射到蚂蚁体内。三分钟之后，蚂蚁体内的营养物质全成了液体。水黾狼吞虎咽地把营养液吸完，水面上只留下蚂蚁躯体的空壳。

7.甲虫中的将军

地球上数量最多的昆虫是什么？你知道吗？让我来告诉你吧，地球上数量最多的昆虫是甲虫。

甲虫的总数大概占昆虫的40%，不管你走到世界的哪个角落都会见到它们的踪迹。当你打开家里的米袋子时，或许你会看到正在偷吃大米的象鼻虫，在郊外，你还能看见草丛中飞来飞去的瓢虫，它也是甲虫的一种。可不管怎么说，甲虫当中最厉害的还要数独角仙。

独角仙在所有甲虫当中是体型最大而且力气最大的一种。只见它穿着黑色的盔甲，戴着巨大的长角头盔，远远看去，还真像是一个威风凛凛的将军，怪不得人们称它为"将帅甲虫"呢。

独角仙力大体壮，自然拥有首先享用食物的特权。漆黑的夜晚，为了去品尝栎树甜美的树汁，独角仙慢吞吞地在树干上爬行着，勤快的深山鹿角甲虫和飞蛾等早就赶到了"用餐地点"并占据了有利的位置，可是我们的独角仙似乎一点也不担心。因为当它到达时，它就会大喝一声：

"喂，你们都给我靠边站，听见没有？"

独角仙的话一出口，众虫就犹如潮水

般退了下去，谁也不想因为一时冒失而自不量力地和独角仙较量而丢掉小命。

看来，这个"将帅甲虫"并非是浪得虚名。

昆虫的触须有什么用

昆虫的头上都有成对的触须，也叫做触角，昆虫的触须用处可大了，它是昆虫的主要感觉器官，蝴蝶和寄生蜂的触须能感觉味道，雄蚁的触须能感觉声音，水生昆虫用触须来固定气泡供呼吸用，蚂蚁和蜜蜂都能通过碰触须而与同伴互相表达意思，不同种类昆虫的触须有不同的作用和功能。

眼界大开

独角仙在白天睡觉吗

生活在树林里的独角仙当然是要睡觉的，它们白天在树下的落叶或土里睡觉，傍晚时才爬出来活动。它们是夜行性昆虫。

在夜里，它们聚集到树液泉眼周围，在那里还要进行交尾。它们有时还要飞到灯光周围。许多昆虫对灯光都十分感兴趣，这是昆虫对光的趋性所决定的。

早晨太阳一出来，它们又要回到落叶里或钻到土里睡觉了。

要想捕捉独角仙，就要在夏天的早晨早早地到树林里去，这时它们还在吸食树液，所以很容易采集到。

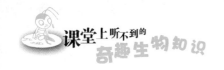

龙虱又要准备潜水了。

龙虱向来都是直接用尾部在水里进行呼吸的，如果遇到需要长时间潜水的情况，它就会把空气储藏在背部或者翅膀的缝隙中，然后返回水中，游泳时无法施展的翅膀反倒成了"氧气瓶"。

"咳咳，氧气就要没有了。"

这是龙虱经常会遇到的情况，如果氧气耗尽了，龙虱就只好返回水面重新补充氧气，在水面的水草上停留了几秒后，它又重新潜入水下。有些昆虫的水下工夫了得，可是龙虱一般只能在水下潜水3～10分钟，如果为了捕捉猎物更加卖力地运动的话，氧气的消耗速度会更快。

龙虱之所以可以在水下停留3～10分钟的时间，还有一个原因，那就是龙虱有办法可以直接呼吸到水中含量很低的氧气，在水下畅游的龙虱尾部总是连着一个气泡，这是因为储藏在龙虱背部的空气会从其尾部的气孔进入，随着龙虱的呼吸，就会在尾部产生气泡。该气泡的表面是由二氧化碳包围着的，其中也含有一些氧气，溶解在水中的氧气也会逐渐地进入到气泡当中，当龙虱储备的氧气用光时，依靠气泡当中的少量氧气也还是可以使它坚持一段时间的。但是随着龙虱的呼吸，气泡也会逐渐减小至最后消失，这时，龙虱就必须返回水面呼吸了。

由于龙虱潜在水下的时间并不能太久，所以我们会看到，龙虱不断地潜入水中，又不断地浮出水面，成了一个忙碌的潜水员。

知识链接

朝生暮死的蜉蝣

同样是生活在水中，蜉蝣的成虫却只能"朝生暮死"，生命只有几个小时。蜉蝣的成虫身披绿色沙衣，在水面上追逐嬉戏，在此过程中完成交配之后，它们就会死去。蜉蝣的成虫之所以生命短暂，主要是因为它的嘴已经退化，不能再吃东西了。

 眼界大开

昆虫产卵后为什么会很快死去

很多昆虫要用很长时间才能从卵变成虫，但成虫产卵之后很快就会死去。当看到这些死去的昆虫时，我们总觉得它们很可怜。不过，这仅仅是从人类的角度来看这一问题，人和昆虫是截然不同的动物，各自的生活世界完全不同。

一般情况下，变为成虫还吃食物的昆虫，其寿命是比较长的，但这也是为了摄取营养使腹中的卵成熟，因此需要再活一段时间。与此相反，只用幼虫时摄取的营养使卵成熟的昆虫，则寿命都短。昆虫留下子孙后代（产卵）之后，作为个体就已经完成了其生命繁衍的目的。

9.貂熊的魔力圈

夜间，在我国东北的大森林，一只貂熊在林子里东窜窜，西逛逛，休闲自得，貂熊之所以如此轻松自在地在大森林里闲逛，而没有像大多数动物那般小心谨慎。

主要是因为貂熊属夜行性动物，视觉敏锐，在自然界中天敌很少，它的肛门附近有发达的臭腺，臭腺分泌出的臭液散发出来的气味具有一定的防御功能：有时，貂熊会在臭液上打个滚，使臭味遍布全身，让敌方无从下口，于是它便可以趁机逃之夭夭。

貂熊还有一个保存食物的绝招，也是利用它的尿液来实现的：它会将尿液撒在食物周围，使其他动物不敢窃取，甚至是狼、豹、虎等凶猛的大野兽也不会前来捣乱，这也是其适应环境的独特方式之一。

经科学家们研究，发现貂熊的尿液是由特殊的"气味语言"构成的。在动物世界中，许多动物都能使用"气味语言"。不同的动物会产生不同的激素和不同的气味功能。目前，人们发现动物有一百多种信息"语言"是用气味传递的。

知识链接

蚂蚁在外出寻找食物时，爬行的时候腹部紧贴着地面，它会从它的腹部末端的肛门和腿部的腺体里把一种奇妙的化学物质沾染在地面上，这种物质叫做标记物质，是蚂蚁的化学"语言"。这种物质数量很少，但是具有特定的气味，能够有效地标记出蚂蚁所走过的路线。蚂蚁发现食物以后，再沿着这条路线回蚁巢向伙伴报告。大家就能沿着它标记过的路线走，从而找到食物了。

眼界大开

船舠鱼的警报

生物学家做过一个试验，将一种船舠鱼钓起来后，再放回到河里，结果发现河里所有的船舠鱼都逃离了。这是怎么回事呢？经过进一步研究发现，船舠鱼的皮肤能发出一种特殊的气味，构成这种气味的物质是一种警戒激素。船舠鱼上钩被钓起来的过程中皮肤受了伤，警戒激素便会释放出来。其他船舠鱼嗅到这条鱼发出的气味后，就知道附近有危险，因此会赶快夺路逃命。

10.蟒蛇保姆

在巴西的热带森林里，生长着一种花斑大蟒，它们常常倒挂在大树上，不停地吐着紫红色的信子，瞪着一双大眼睛盯着树下的行人。这种大蟒蛇样子看起来凶猛可怕，但实际上，它性情温和，并不伤人，是一种可以驯养的动物。当地巴西人知道了它的这一习性后，不但不怕它，还对它很亲热。

大家都知道热带森林中毒蛇猛兽很多，而花斑大蟒却是这种毒蛇猛兽的克星。村落里的人们，为了自家孩子的安全，会让自家驯养的大蟒蛇去照看孩子。大蟒蛇对人温和，但在蛇类和其他野兽面前它可威风了，毒蛇猛兽一见它，都吓得远远避开。大蟒照看孩子寸步不离，忠于职守，担负起保护的任务，真是个好"保姆"！如果孩子想睡觉了，它就用自己的身体围成一个圆圈，让小孩子在里面睡。

英国伦敦的一个医生约翰·姆尔格希家里也饲养了一条蟒，用来看守家门。白天，约翰夫妇去上班，这条蟒独自留在屋内，来回游走，四处"巡视"。

晚上，约翰夫妇睡觉前，大蟒便爬上床来同他两嬉戏玩耍。约翰夫妇入睡后，大蟒便守候在旁，室内什么地方一有响声，它便爬去察看。

你看，大蟒们算得上是顶级"保姆"了吧?！

知识链接

为什么蛇能吞下比嘴大的东西

蛇的嘴巴和人的嘴巴构造不同，蛇的上、下颌骨之间有会活动的方骨，当吞食大的东西时，方骨直立起来，嘴可以张得很大。另外，蛇的左、右下颌骨以韧带相连，能使嘴向左右扩展，这样，蛇就能吞食比它嘴巴大得多的东西。而且蛇的胸部没有胸骨，两侧的肋骨可以自由活动，吞下的大食物也能畅通无阻地进入到它的肚皮里。

眼界大开

摆渡蛇

在非洲的一条大河的毕索渡口，有一种方形的像木筏的渡船，由一条经过训练的巨蟒拖着来回"摆渡"。蟒蛇力大灵活，能够轻而易举地拖动一吨重的货物或人，速度比人力渡船还快，乘客们坐在渡船上，既平稳又安全。

11.最大的袋鼠——红袋鼠

红袋鼠又名大赤袋鼠。这类袋鼠是袋鼠科中体型最大的一种，产于澳大利亚及其附近岛屿，是澳大利亚的特产动物之一。

红袋鼠其实只有雄性体色是红色或红棕色，其雌性体色都呈蓝灰色。袋鼠前肢短小，后肢长而有力，行进时，完全以后肢来跳跃，大尾巴则保持平衡。它们善于跳跃，如果它们去参加奥运会，一定能拿到"双跳冠军"。红袋鼠喜欢搞"小团体"，往往是结小群生活于草原地带，也有少数是单独生活的。它们通常活蹦乱跳地在夜间或暮晨期间觅食各种草类、野菜等。

红袋鼠一般在1.5～2岁成熟，寿命20～22年，它已被列入濒危野生动植物国际公约附录上。红袋鼠全年均可繁殖，经过艰苦的"十月怀胎"——袋鼠的孕期为343天，一般产下一仔。当袋鼠妈妈快生小宝宝时，便忙着清理它的"口袋"，它们通常用舌头把里面的脏东西舔干净，以迎接小宝宝的到来。

负鼠的"绝招"

负鼠是生活在拉丁美洲的一种有袋目负鼠科动物,负鼠有一种常人难以想象的"绝招":当负鼠遇到来不及躲避的敌害时,它往往会选用装死的伎俩来骗过"敌人",它在即将被擒时,会立即躺倒在地,脸色突然变淡,张开嘴巴,伸出舌头,眼睛紧闭,将长尾巴一直卷在上下颌中间,肚皮鼓得老大,呼吸和心跳中止,身体不停地剧烈抖动,表情十分痛苦地做假死状,使追捕者一时产生恐惧之感,在反常心理作用下,不再去捕食它。与此同时,负鼠还会从肛门旁边的臭腺排出一种恶臭的黄色液体,这种液体能使对方更加相信它已经死了,而且腐烂了。由于大多数食肉动物对死尸不感兴趣,所以负鼠可得以化险为夷,死里逃生。当然,这并非万无一失,有时这也恰好给它做俘虏创造了条件。

考考你 这只猫在全神贯注地看电视,请你想一想,它能看见电视里彩色的画面吗?

答案 猫是色盲,只能看见黑白两种颜色。

12.虫子都是昆虫吗

一天，放学回家的路上，宁宁发现路边有一个蜘蛛网，上面趴着一只蜘蛛。于是宁宁对身边的小刚说："我最讨厌像蜘蛛这样的昆虫了。"

或许很多同学都会有宁宁这样的想法，认为蜘蛛是昆虫。真要是这样，想必蜘蛛听了也不太高兴。因为蜘蛛并不是昆虫。那么什么样的虫子才算是昆虫呢？必须满足以下条件，才能称得上是昆虫：

首先：它的身体应该可以为头部、胸部、腹部三部分；其次，它必须要有三对脚和两对翅膀；最后，它的头部必须要有一对触角和复眼。

满足了这个标准的虫子才可以被称为昆虫。那么蜘蛛为什么不是昆虫呢？

这是因为蜘蛛不具备昆虫的上述特征，它有四对脚，没有翅膀，而且身体也只能分为头部和胖胖的如圆口袋般的腹部两部分。

像蜘蛛这样因为模样很像昆虫而很容易被误认为是昆虫的虫子还有很多，比较具有代表性的就是蜈蚣和马陆。

蜈蚣和马陆都是有很多条腿、在地上爬行的虫子，只要数一下它们脚的数目就可以知道它们不是昆虫了。蜈蚣一般有30条腿，而马陆

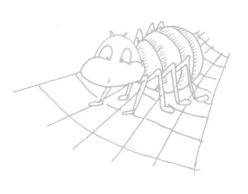

的腿则多达200条，因种类的不同，腿的数目也不尽相同，所以它们就更不能算是昆虫了。

知识链接

蜘蛛怎样结网

很多蜘蛛肚子的后部有一种特殊的构造——纺织器，这个构造能使它喷出蛛丝来。蜘蛛结网时，先吐出几根细长丝，靠风吹送固定在另一点上，然后结成方形或不规则形状的轮廓，之后，它再由中心点向四周结辐射状的线，然后由中心向外结成圆形骨架，这些线都没有黏性。"骨架"做好后，蜘蛛再由外向中心反方向结网，这些线才有黏性，是捕虫用的。

眼界大开

为什么昆虫不走直线

一般的两条腿动物和四条腿动物在行走时，所走过的足迹成一条直线。这是人们所共知的事情。不过，昆虫走路就不一样了，它们在地上爬着行进，总是左歪一下、右扭一下，呈"之"字形行走，从来不走直线，这是什么原因呢？昆虫是六足动物，两侧各长三条足，前足短，后足长，中间的足的长短介于前、后足之间。昆虫行进时，把右前足、左中足和右后足组成一组；左前足、右中足和左后足组成另一组。昆虫在爬行时，由一组的前足先向前伸出，并用爪抓住地面，同侧的后足使劲，尽量把身体向前推进。由于前、后足长短不一，当后足向前用力时，便将离开地面的中足及身体推向偏离直线的一方，使身体中轴倾斜。当另一组的前足抬起时，为了使身体向前行走，便向与身体相反方向伸去，后足用力推进时，又将身体扭向了另一方向。这样，昆虫就左歪一下，右歪一下地呈"之"字形向前行走了。

13.从窄缝溜掉的章鱼

　　美国的生物学家贝里尔教授在上课时讲了一件关于章鱼的故事。有一次，他的朋友弄到了一条活章鱼，长约30厘米。他的这位朋友把章鱼放进篮子里，乘电车回家，大约过了10分钟，在车厢另一头的一位乘客大呼着跳了起来。原来，这条章鱼竟然从只有1.5厘米宽的篮子孔眼里钻了出来，爬到了那位乘客的腿上。

　　还有一次，美国的动物学家迈因纳和他的伙伴在海边珊瑚礁上捉到一条长约30厘米的章鱼，他们把章鱼放在一只空的香烟箱子里，并将箱盖钉住，还用绳子捆好，然后将箱子放进船的舱底。可没有过多长时间，迈因纳打开箱子一看，章鱼竟然不见了，再看舱底，那条章鱼在那里休息呢。

　　章鱼虽然叫"鱼"，但并不属于鱼类，它是头足类软体动物，有8只长着吸盘的腕，它的腕强而有力。

　　章鱼的眼睛像人类，它们的脑袋是无脊椎动物之中体积最大和最先进的。章鱼具有"喷水速游"、"变色"和"放墨汁"的本领，且狡猾、机灵。它经常把自己柔软的身体藏在海底石头的裂缝或洞穴之中，伸出一点腕来，睁着眼睛向四周张望，等待猎物。同时，它还能使自己的体色变得与周围环境的颜色相仿，一有猎物经过，便迅速伸出长腕把猎物缠住，拖回洞穴尽情享用。

知识链接

警觉的章鱼

章鱼即使在睡觉时，也保持着高度的警惕，以防不测。睡觉时，它总是安排两只腕"值班"，其余各腕都卷起来，一旦有东西触及两只"值班"的腕，它会立即惊醒。如果发现是敌害，章鱼就施放出墨汁迷惑对方，然后迅速逃离。

眼界大开

奇特的生殖方式

章鱼的生殖方式也很奇特，卵子会分批成熟，分批产生，产生的卵子状如饭粒，常成穗连在一起。不同种类的章鱼产卵量相差甚大，从几千个至十余万个不等。中国南部沿海的真蛸和北部沿海的短蛸均有一定产量。蛸的干制品称"章鱼干"，除食用外，在医药上尚有补血益气、收敛生肌的作用。

14.黄鳝的性变

"黄鳝是先当妈妈，后当爸爸的。"宁宁说。

"世上哪有那样的事，黄鳝肯定是有雄有雌的。"明明说。

这是宁宁与明明的争论。不过宁宁一时也解释不清楚。

宁宁说的"黄鳝是先当妈妈，后当爸爸"的事，其实说的就是黄鳝的变性问题。

黄鳝最有趣的地方就要数它的性别了，从一群黄鳝中我们可以发现，粗壮的大黄鳝都是雄的，而细小的黄鳝却都是雌性的。也就是说黄鳝中没有"小男孩"和"老太婆"。

原来，在黄鳝的一生中，是先当妈妈，后来又变成了爸爸。从卵孵化出来的小黄鳝条条都是雌的，待小黄鳝发育成熟，当了妈妈，产完了卵后，它的生殖腺开始了变化，卵巢演化成为精巢，变成了雄的，不能产卵而只能排精了。这种性别的变化，成为整个黄鳝种族生长的规律，也是它们的一大奇观。

据人们测定，大多数长20厘米以下的黄鳝都是雌性，长到22厘米的时候，黄鳝就逐渐开始变性了；长到30～38厘米时，往往雌雄各占一半；长到53厘米以上的黄鳝通常就全都是雄性了。

每到春天，是黄鳝产卵繁殖的季节。它喜欢洁净的水质和环境，常潜伏在泥洞或石缝中。在它们洞穴的一端可以找到一个洞口。离这个洞口几米远的地方，还有另一个洞口，这是为逃跑特意造的。一旦前门来了敌害，它就会从后门逃走。

知识链接

在水里也能呼吸的黄鳝

黄鳝常常在浅水里竖起身体前半段，将嘴露出水面来呼吸空气，这样能够补充鳃呼吸的不足。黄鳝的鳃已经退化，而口和喉腔的内壁表皮也能在水中进行呼吸，不会因长时间待在水里而窒息死亡。

 眼界大开

总被一些人认错的泥鳅

有些人总认为黄鳝就是泥鳅，这种认识是错的。黄鳝和泥鳅是完全没有关系的两种生物。虽然它们都生活在水中，长得都细细长长，身上滑滑溜溜，但细心的人会发现它们是长得不同的：黄鳝一般比泥鳅长，嘴上没有须；而泥鳅通常要比黄鳝短很多，而且嘴角有短须。

泥鳅除了与其他鱼类一样用鳃呼吸以外，还能用肠子呼吸，直接从空气中得到氧气。当水中缺氧时，泥鳅就暂时把肠子作为呼吸器官代替鳃进行呼吸。泥鳅的肠子又直又短，把食道和肛门连通在一起，形成一条直管，上面布满了毛细血管，空气被吞到肚子里进入肠子后，肠壁上的血管就吸取了其中的氧气。

15.蝴蝶的大聚会

在靠近太平洋的墨西哥米却肯州山区有一个自然奇观，那就是每年的8~9月，大批蝴蝶从加拿大南部和美国北部结队迁徙，飞行两千多千米，来到墨西哥的云杉林越冬。这些蝴蝶在次年春天产卵，孵化出第二代。

每年3月，数百万只蝴蝶聚集在一起，使参天云杉蒙上了一层淡黄色。彩蝶飞舞，翅膀振动，发出阵阵声浪。这样的美景吸引了无数的观光客。不久，聚会的蝴蝶向北朝它们的故乡飞去。

参加聚会的橙褐色的蝴蝶便是世界著名的"彩蝶王"。"彩蝶王"季节性聚会后的迁飞十分壮观。它们黎明起飞，途中雄蝶在雌蝶周围围起一道屏障，充当"护花使者"。千百万只蝴蝶在碧空长天中，与彩霞飞云争艳，蔚为壮观。

在我国云南的大理古城，也有个驰名中外的蝴蝶泉。每年3月，也有大批蝴蝶和蛾前来赴会。成千上万只蝴蝶和蛾，在泉边飞舞；有的则成双成对排成排，静静地停在泉边的树枝上，那情景十分美丽和壮观。

据统计，地球上的蝴蝶有1.4万种，中国约有1.3万种，其中有两百多种能像候鸟一样随着季节变化而长途迁徙。其中"彩蝶王"的迁徙是最有名的，它们的迁徙历时几个月，飞行距离达四千多千米。

蝴蝶和蛾子

蝴蝶和蛾子都有三对足和两对翅膀，翅膀上还有许多白粉末。它们都是以卵、幼虫、蛹变到成虫的。要区分它们可以从以下两个方面入手：第一，蝴蝶身材苗条，触角纤细，翅膀宽大、美丽；蛾子身体粗笨，触角粗大，翅膀不像蝴蝶翅膀那么美丽。第二，蝴蝶在不飞时，通常翅膀并拢，竖立在身体上方。常常在白天活动；蛾子不飞时，翅膀耷拉在身体两旁，经常在夜间活动，围着灯光转圈子。

蝴蝶如何降温

动物在炎热的夏季都有一套降温的办法，那么蝴蝶是如何为自己降温的呢？原来，在蝴蝶的身体表面有一层细小的鳞片，这些鳞片就有调节体温的功能。当气温升高时，这些鳞片会自动张开，以减少阳光的照射；当外面气温下降时，这些鳞片又会自动地闭合，紧贴住蝴蝶的身体，让阳光直射在鳞片上，从而使身体能吸收更多的太阳能量。

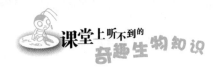

16.蜂鸟的悬空定身法

蜂鸟是目前已知的世界上最小的一种鸟类，最小的蜂鸟体重2～3克，窝巢像核桃那么大，蛋只有豌豆粒大小，是个地地道道的小不点儿。

别看蜂鸟这么纤小，它的活动能力却很强。每秒钟要扇动翅膀约60次。更令人叫绝的是它还具有"悬空定身"的特技，能"悬停"在空中，仿佛是站立在一个无形的支柱上。

蜂鸟"悬停"在空中时，它用自己细长的尖嘴吸取花中的汁液或是啄食昆虫，这时，在它身体的两侧闪动着白色云烟状的光环，并发出特殊的"嗡嗡"声，这是蜂鸟在不停地拍着双翅而产生的光环和声响。

蜂鸟能悬空定身的秘密就在于它的双翅上。蜂鸟的双翅有一个转轴关节和肩膀相连。而大多数鸟的翅膀关节却是几乎不能活动的。在定身时，它用双翅前后划动。向前划动时，翅缘稍稍倾斜，产生了升力，而没有冲力。接着双翅在肩膀处转动，向后划动，也产生了升力，而没有推力。就这样，蜂鸟不断前后扇动翅膀，就能悬空定身不动了。

知识链接

花样飞行能手

蜂鸟除了会在半空中停留，还会高飞、远飞和倒退着飞，还能像直升机那样，垂直着上升和下降。蜂鸟这些独特的本领，与它身体微小的独特的生理特点是分不开的。它身体小，重量轻，但是翅膀振动却十分有力，每秒钟能急速振动50~70次，因此，它飞行时产生的浮力与身体重量相等，使它能在空中自由地进行各种各样的飞行。

考考你

下图这只普通的小鸟掉进了一口井里，那么它能从这狭窄幽深的井中飞出去吗？

答案

不能。它有再大的力气，也只能垂直飞行，却并不能直直飞行，小，不能垂直飞行，所以飞不出去。

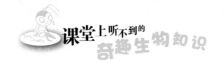

17.忠诚的母象

　　印度有位猎户叫卡姆，他常骑着驯养的母象佩蒂到密林中去打猎。

　　卡姆夫妇干活时，总是把佩蒂拴在树下，在它跟前画上一个大圆圈，并把儿子小卡姆放在圆圈里，佩蒂拖着铁链，围着孩子转。

　　这天，卡姆的妻子到森林里去，好久还没回来，卡姆将孩子交给佩蒂，离家去找妻子。佩蒂认真地看护着小卡姆，只要他爬出圈子，它就伸出鼻子把他卷回圈内。每隔一阵子，佩蒂还吸些尘土，轻轻撒到小卡姆身上，为他驱赶苍蝇蚊子。

　　天渐渐黑了下来，可卡姆还没回来。小卡姆饿了，哇哇地哭了起来。佩蒂急得团团转，可一点办法也没有。

　　三只饿狼被孩子的哭声吸引了过来。佩蒂发现饿狼，警惕地守护着小卡姆。佩蒂对付三只狼并不算困难，可脚上有铁链，它无法出击呀！三只狼前后夹攻，佩蒂一边严密防守，一边还得不让小卡姆爬出圈外，很是吃力。

　　一只狼猛然蹿上来，想叼走小卡姆，佩蒂动作敏捷，一脚踏过去，把狼一脚踩在脚下踩死了。另外两只狼见状吓得调头逃走了。

　　佩蒂真是个十分称职的"保姆"，它发现路边有一丛甘蔗，于是它用鼻子卷起甘蔗，用脚踏裂后送给小卡姆吃，孩子不哭了，依偎着佩蒂睡着了。

　　佩蒂也有些累了，就打了个盹。它半夜醒来时，发现小卡姆滚出圈外好远，它怎么也够不着。正在这时，两只恶狼又来了！佩蒂想扑过去救孩子，可无情的铁链死死地拽住了它！

佩蒂用尽力气狠命一拽，大树被拽倒了！大树压死了两只狼，也压在佩蒂身上。佩蒂脚上皮开肉绽，鲜血直流，虽然无法站起来，但还是挣扎着爬向小卡姆……

第二天早上，卡姆找到了妻子回到家，一看眼前的景象，不由惊呆了。他们拨开树叶，看到佩蒂跪着，鼻子顶着树枝，下面躺着小卡姆。小卡姆睡得真香呢！母亲把儿子搂在怀里，高兴得流下了眼泪。

卡姆却瞪起眼睛大骂佩蒂："混蛋，你想逃走？甩下孩子不管啦？"卡姆一边骂着一边为佩蒂解开铁链，只见它脚上血流不止，挣扎着站起来。在它身下，躺着两只被压扁的恶狼。卡姆夫妇看了，一下全明白了。卡姆一把抱住大象的鼻子，激动地说："佩蒂，好佩蒂，我错怪了你……"

 你知道下图中大象的话有什么不对吗？

18.人蛇之战

　　1970年夏季的一天，侵越美军第七集团军某连接到潜伏的命令。上尉马丁带领100多名士兵，日夜兼程，孤军深入，于午夜时分悄悄地进入预定潜伏地带。四周都是越军重兵把守的要地，美军需要修筑掩体石墙以保证自身安全，石墙需要用石块来构筑。马丁立即派出几十个身强力壮的士兵到河谷去背石头，其他人原地警戒待命，不准喧哗吸烟，以免被越军发现。

　　工兵排一行悄悄摸到河边。一个士兵在掀开一块石头后，无意中见到石块下有两条杯口粗的长蛇扭缠在一起，乌黑的鳞片上闪着淡绿色的鳞光。士兵好奇地用刺刀把蛇挑了起来。受惊的蛇一下窜起，狠狠咬了他一口。他们不敢开枪，于是纷纷拔出匕首，一刀一刀挥刺过去，他们想为被咬的同伴报仇。就这样，一条蛇被砍成几段后死去，另一条蛇负伤钻进石缝逃走。那个倒霉的士兵，几分钟后口吐白沫死去。

　　这蛇是剧毒的越南湄公蛇，具有极强的攻击性。这群美国士兵并没有意识到大祸即将来到，他们面临的将是生与死的搏斗。

　　士兵们悄悄装满石头，准备离开河滩的时候，突然，四面八方都响起了清晰的"丝丝"声。从黑漆漆的石缝里一下钻出来上百条黑绿相间的大蛇。蛇发出幽灵般的绿色，几十名士兵顿时感到莫大的恐惧，慌乱中拔出匕首。人与蛇战成了一团。毒蛇疯狂地追咬着这帮异族入侵者。被咬伤的士兵惨叫的声音在河谷回荡，几十具尸体倒在了河谷里，只有几个行动敏捷的士兵逃回了营地。

可是蛇群并不善罢甘休。在河边受伤的是这片领地上的蛇王，它们原本是在河边的石缝洞房里交配，可是，春梦无端被惊扰，配偶惨遭杀害，于是它决定惩罚这些入侵者。

蛇与蛇之间是用一种特殊的气味彼此联络的，蛇王散发出"行动"的气味，收到"信号"的毒蛇全过来了。它们凭着敏锐的嗅觉，顺着美国士兵们逃走的路线，缓缓地向士兵潜伏的阵地爬去。

哨兵首先发现了这些精灵，他们不敢开枪，只能端着枪用刺刀刺杀。不一会，地上横七竖八躺着十几条蛇的尸体。但是，"大部队"旋风般地涌来，密密麻麻，前后左右同时攻了上来。它们昂着头，用长而尖的毒牙咬进士兵的身体里。

十几分钟后，蛇群不再进攻，一瞬间消失得无影无踪。100多人的连队，将近大半人被蛇咬伤中毒，马丁也被蛇咬伤。潜伏计划必须执行，撤退是不允许的，他命令所有人员继续原地潜伏。他又命令士兵把手雷、地雷里的炸药取出，洒在路上，蛇是怕闻到炸药的刺激气味的。这招果然有效，浓烈的硫黄味使蛇群不敢靠近，一直到傍晚也没有一点蛇的影踪。士兵们的脸上流露出了一丝笑容。

可是不料，这时突然下起一阵大雨，把炸药粉末冲得一干二净。

"完了。"美国士兵从内心发出惊呼，只要天一黑，蛇就可以凭着敏锐的红外线感应准确探明人的方位。现在唯一的生路只有撤离，赶快远离这片毒蛇出没之地。于是，被毒蛇咬伤的马丁在咽气前做出最后决定：火速撤离。

这支潜伏的部队，最后生还者只有12人。

19.激战珊瑚岛

1942年，太平洋上硝烟弥漫，日、美两国在进行激烈的岛屿争夺战。美国海军的一艘军舰奉命占领一个无名珊瑚岛。傍晚时分，军舰在离岛不远处抛锚。侦察参谋尤尼思率领小分队，登上橡皮舟，向岛上划去。

但是，在离岛越来越近时，小分队发现无数的信天翁围成一个极大的圈子正在酣睡，小分队没有办法走入岛中。忽然，一只高大健壮的信天翁鸟王站了起来，向岛内部走去，这时鸟群自动让出一条路，让鸟王走进去。好机会！尤尼思一挥手，小分队的士兵悄悄跟在鸟王后面，想走进小岛中心地区。

可没想到士兵佩蒂才走几步，一不小心绊倒在地，惊动了鸟王。鸟王怒视着这些全副武装的士兵，一声高叫，所有的信天翁都惊醒了。信天翁都飞起来了，然后，对着士兵冲下来，乱啄乱抓，士兵们痛得大叫起来。

尤尼思边躲闪边抓起报话机说道："舰长，小分队遭到海鸟袭击，请求开枪射击！"但由于他们的此次行动是秘密行动，所以舰长不许开枪。尤尼思他们只好拔出匕首。刀光闪闪，一只只信天翁惨叫着落在地上，搏斗了两个多小时，小分队才算将信天翁打退了。士兵们累得筋疲力尽，一个个躺倒在地，呼呼大睡。

金灿灿的太阳升起来了，尤尼思带着小分队，继续深入小岛腹地。可猛然间，无数的信天翁飞了过来，又黏又臭的鸟粪像暴雨一样向士兵们倾泻下来，士兵们狼狈不堪，拼命向棕榈树林中逃跑。一群信天翁截住了士兵帕蒂，三下两下啄落了他手上的匕首。信天翁又分别叼住帕蒂的衣裤，猛地飞起，把他叼离地面，飞向高空。然后，信天翁一齐松口，帕蒂落到地上，痛得哇哇直叫，站也站不起来。士兵汤姆被群鸟撕光了衣服，叼走了冲锋枪，眼睛被啄伤了，全身满是鲜血。

望远镜里，舰长看得一清二楚。他向总部请示后，同意小分队开枪。尤尼思他们举枪扫射，信天翁死亡惨重，然而，更多的信天翁又飞了过来。海军总部派出十几架战斗机参战，远距离射击，可也解决不了问题。轰炸机一架架轮番投弹，炸死了成千上万的信天翁，可还是无济于事。

总部为迅速结束战斗，决定施放毒气，没过多一会儿，毒气就在岛上弥散开来，毒气使白色的鸟尸遍布全岛。毒气消散后，登陆艇开来，向岸上运送推土机和坦克。可这时，无数的信天翁又飞过来，包围了推土机，啄碎了玻璃，吓得驾驶员无处藏身。坦克上的高射机枪猛烈扫射，才勉强解了围。

天黑了，信天翁停止了进攻。推土机推开厚厚的鸟尸，这才救出了小分队。美军总部又派出大批海军陆战队士兵，连夜抢修了一条简易跑道。可天亮后，信天翁又蜂拥而至，重新占领了跑道。美军的坦克、大炮、机枪一齐开火，却驱赶不走不怕死的信天翁。最后，海军总部认为与信天翁作战，代价太大，得不偿失，命令部队撤离珊瑚岛。

最终，这岛屿还是信天翁的天下，没有什么能征服这好群居、爱同类、恋家园的海鸟。

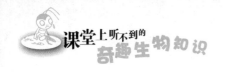

20. 小骡子找爸妈

一天，小骡子伤心地哭了，因为它想找到自己的妈妈，可是它却不知道它的妈妈究竟是谁。

大黄牛想小猫是老猫的孩子，小狗是大狗的孩子，自然界的大部分生物都能产生自己的后代，并且代代相传。那么，小骡子也是骡子的孩子呗。所以它带着小骡子找到了一头老骡子，可老骡子说它从来就没有过孩子。

大黄牛也想不出什么办法了，最后小鸟给它们出主意让它们找牧羊人帮忙。牧羊人听后哈哈大笑道："你的父母并不是骡子，而是马和驴子！"

小骡子怎么也不肯相信。

牧羊人说："只要你仔细观察，就会发现骡子既像马，又像驴。骡子的头、脚、屁股都像驴，但是尾巴却完全是马的尾巴。骡子的身材和声音都与父母不完全一样。"

这下小骡子终于相信了牧羊人的话，终于知道自己的父母是谁了。

骡子是一种能吃苦耐劳的动物，它身体健壮，具备超常的忍耐力，可以做一些马都不能胜任的工作。比如，骡子能走很长的路而不知疲倦，它还能背很重的货物。另外，它还能协助采矿、灭火等。骡子具备了马和驴的优点，甚至超过了它们！

知识链接

没有后代的骡子

骡子的父母是马和驴，但是马和驴遗传给骡子的染色体互相配不成套。染色体是生物主要的遗传基因，它存在于细胞核中。各种生物的染色体都有不同的大小、形态和数目，当两种生物的染色体不相匹配时，它们交配后繁殖的下一代就有可能出现某种生理上的缺陷。骡子不能产生正常的生殖细胞，以致不能生育。

21.长尾叶猴的恶作剧

清晨，森林很安静，阳光轻柔地洒在林中，动物们大都刚从睡梦中醒来，一切是那么的平静。

但这平静没过多久就被一阵巨大的啸声打破了，森林渐渐被紧张的气氛笼罩。动物们都停止了脚步，因为大家都知道发出这啸声的动物凶猛无比，力大无穷。能够保护自己的唯一方法就是逃走，于是大家聚到一起拼命地奔逃。这个巨大啸声的发出者，就是世界上最大的食肉动物，森林之王——虎。

只见一只孟加拉虎正在频繁地将自己的气味留在树木上，这是它在标记它的领地。雄性孟加拉虎占有约25平方千米的领地。在这片森林中，许多动物都是孟加拉虎的猎物。孟加拉虎为捕捉这些猎物，通常会在10～20公里的范围内徘徊。孟加拉虎每天大约需要6千克的肉食，如果不进食，即使是森林之王，也是无法生存下去的。

现在，这只孟加拉虎来到一处水源附近，刚好几头水鹿正在水边休息，它们仿佛感觉到了什么，立刻竖起尾巴。虎隐蔽在远处的树丛中，正悄悄地接近猎物。

　　它的目光一瞬间发生了变化，因为它觉得捕猎的时机到了。一只巨大的水鹿出现在它的面前，它锁定了目标。就在这时，从树上传来了一声预示危险的叫声，水鹿意识到了险情，它努力与将要袭来的孟加拉虎保持安全距离。最终，水鹿逃脱了。

　　是谁搅了孟加拉虎的美餐呢？原来是长尾叶猴的恶作剧。一般来说，坐在树上的长尾叶猴，一旦看到虎的出现，就会大叫。几乎就在最后的冲刺时，长尾叶猴的叫声使孟加拉虎功亏一篑。

知识链接　　孟加拉虎

　　孟加拉虎属食肉目，猫科。分布于中国云南，国外见于缅甸、印度、泰国、马来西亚等地。它生活在森林、山地和丘陵等环境中。单独生活，夜行。主要以有蹄类动物为食，如鹿、野猪等，偶有攻击人和家畜的现象。没有固定的繁殖季节，孕期100~106天，每胎2~4仔。3~4岁成熟，寿命约20年。

22.死亡舞蹈

对于白鼬来说，抚育后代的责任由母鼬独自完成。因此，白鼬妈妈要将尽可能多的猎物带回巢中，才可以养活众多的子女。

这次，白鼬妈妈它把目标锁定在了更大的动物身上——一只野兔。

白鼬妈妈先是谨慎地观察着对方，然后一口气冲向目标。可野兔们并不畏惧它，反而进行了反击！白鼬拼命逃跑，庞大的对手在其后紧追不舍。白鼬妈妈费了好大劲儿才逃了出来，这一次捕猎就这样以失败告终。

白鼬妈妈躲在草丛中并没有离去，因为它没有就此罢休。它一边观察着野兔，一边又慢慢地向对方靠近。

雌兔和它的孩子们好像有所察觉，但就在这时，白鼬妈妈使出了它的杀手锏。只见它冲到野兔们的身旁，忽然跳起了舞蹈，一种轻盈

而又疯狂的奇妙舞蹈。

兔子们为眼前突如其来的舞蹈感到很茫然，不知发生了什么事，只是怔怔地看着。

谁也没想到就在最后一瞬间，白鼬忽然发起了攻击！兔子被这意外的攻击吓得四处逃散。混乱中，白鼬妈妈扑向一只幼兔，它咬住猎物的颈部，使其断气。

白鼬妈妈胜利了，它这次叼着与自己体重几乎相等的猎物回到了等待许久的孩子们身边。

知识链接

兔子

由于兔子天生懦弱无能，没有锋利的牙齿或角作为御敌的武器，也不具备保护色来隐蔽自己，唯一能逃避敌害的方法只有跳跃和跑动。所以，它在进食时常要竖起耳朵，警惕地倾听周围的动静，一有危险，就得迅速逃跑。于是，在进化过程中，兔子的耳郭逐渐变大变长，从而使它具有比其他动物更敏锐的听觉。

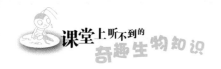

一提起食人鱼，人们就会想到它的故乡——南美洲的亚马逊。凡是到那里的游客，总会在脑海里浮现有关食人鱼的种种传说，心头涌起一种莫名的恐惧。

很多年前，一位探险家在亚马逊河丛林茂密的河边目睹了骇人的一幕：一只攀爬在藤萝上的猴子，不小心掉到河里，挣扎了几下就突然沉入水底，水面上血色荡漾。

好奇的探险家很想知道是什么把猴子拖进水底然后悄无声息地吃掉。于是，他把一头山羊用绳子绑住推入水中。仅仅几秒钟，湖水便猛烈地翻腾起来。五分钟后，他拉起绳子一看，只剩下一具山羊的骨架了，肉已被啃得一干二净。让他感到奇怪的是：山羊的胸腔骨里有几条形状怪异的小鱼在挣扎跳跃，它们掉在草地上后还在乱跳，碰到什么就咬什么。这个惊人的发现拉开了文明社会认识"食人鱼"的序幕。

巴西有15种食人鱼，它们的个头在18～45厘米之间。巴西人将食人鱼称为"皮拉尼亚"，在印第安图皮族语中，它的意思是"割破皮肤的"。的

确，当地的印第安人经常把食人鱼的牙齿当小刀来用。

1986年，一个名叫杜琳的女探险家来到秘鲁亚马逊地区进行科学考察，有一天，她不由自主地在一个僻静的湖边停住脚步想要下水去，恰在此时，只听当地印第安人酋长边跑边大声疾呼："巴那！巴那！"酋长粗鲁地冲过来抓住她，后来她才知道，在秘鲁土话中，"巴那"指的是食人鱼。

酋长跑到杜琳面前，看到她怀疑的样子，便将手中刚猎到的一只大鸟绑在绳子上，抛到湖里，并将绳子的一端交给不知所措的杜琳。可怕的情况出现了：湖水立刻激荡起来，她感到有一股强大的力量将绳索往水下扯，但可以肯定的是，绝不是那只鸟的挣扎。不一会儿，这股力量消失了，她把绳子拉了上来，大鸟被吞食得只剩下骨架，这位女探险家被吓出了一身冷汗。

知识链接

食人鱼

"食人鱼"目前一般特指纳氏锯脂鲤。由于其幼体体色美丽，并具有集群生活的习性而受到人们喜爱。但该鱼生性凶猛，牙齿锋利，以其他鱼类为食，常成群攻击过河的人和牲畜。这种鱼身体左右侧扁，前后是卵圆形，尾鳍略呈叉形，最大体长仅32厘米左右。成鱼背侧为蓝灰色或灰黑色，腹部具有银灰色的光泽。

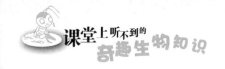

24. 神奇的鹰

怀特是一名滑翔机爱好者，有一天，怀特在华盛顿山林里乘风翱翔，飞得兴致勃勃。

当滑翔机升到4000米高度时，一股猛烈的气流突然向怀特冲来，将滑翔机迅速压下山谷中。情况十分危急，如果一直这样跌下去，怀特要么会撞在山崖上，要么就跌向地面。怎么办？怀特一边努力地控制住下坠的滑翔机，一边迅速地想对策。正在这时，一只红尾山鹰利剑一般冲入气流，在离滑翔机翼半米远的地方，与气流搏斗着，怀特莫名其妙地看着它，不知道它将做些什么。

当滑翔机坠落离到地面不足300米时，红尾山鹰突然展翅转弯，径直向气流锋面冲去。怀特一惊，突然明白山鹰也许在向他暗示着什么，于是他冒险模仿山鹰的动作，顺风而去。奇迹发生了，在距地面不足100米时，滑翔机居然停在半空中，不再坠落了。两三秒后，一股上升气流重新又把怀特向上托起。

靠着山鹰的指引，怀特脱险了，而那只山鹰则悄悄地消失在蓝天中。

奇怪的是，这只山鹰是怎么知道飞机遇到了危险，又是怎么知道该怎样把飞机带出危险区的呢？这些人们就不得而知了。

知识链接

"千里眼"老鹰

老鹰的眼睛看得很远，有"千里眼"之称。它在高空翱翔时，能准确地发现和辨认1000多米以下的地面上的小动物的活动情况。

眼界大开

为什么鸟类没有牙齿

鸟类是要进行飞行的，为了适应飞翔生活，鸟类便产生了新的取食方式。这种取食方式的特点是：鸟类没有牙齿，用圆锥形的嘴来啄食，将整粒或整块食物快速吞下，然后将食物贮藏在发达的嗉囊中。食物在嗉囊中被软化后再逐步由砂囊磨碎，之后再由消化系统的其他部分陆续加以消化、吸收。这种方式不需要牙齿和与此有关的系统，大大减轻了鸟类的体重，这也是鸟类在进化过程中自然选择的结果。

25. 朝圣的毒蛇

在希腊的西法罗尼亚岛上，每年的8月6日到15日，都有成百上千的毒蛇从悬崖峭壁和山林洞穴中纷纷涌出，向坐落在岛上的两座教堂爬去，到达教堂之后，它们就盘踞在教堂的圣像下面，大约十天后才纷纷离开。而这期间，恰逢希腊的两个重要的宗教节日：8月6日是希腊人纪念上帝的日子，8月15日是纪念圣女的日子。

奇怪的是，在这期间这些毒蛇从不伤人。更令人迷惑的是，这些毒蛇的头上，都有一个类似十字架形状的记号，而且这一奇异景观已存在一百二十多年了。

关于毒蛇朝圣现象，人们众说纷纭。在当地还有一个美丽的传说。传说许多年以前，一群海盗洗劫了西法罗尼亚岛，并把岛上的24名修女捉去，图谋不轨，天上的圣母得知这一情况后，为使这些修女免受玷污，就使用神术把这些修女变成了毒蛇，从而摆脱了海盗的魔爪。这些变成毒蛇的修女们为了报答圣母的恩情，于是约定每年8月6日到15日，便到教堂朝拜感恩。

当然，这是一个传说，毒蛇为什么会在这个时间去教堂朝拜，至今人们也没弄明白是怎么回事。

知识链接

蛇没有脚为什么会走

　　蛇的脊柱很长，是由很多块脊椎骨连起来的。每块脊椎骨的两边各有一根肋骨，连着肚子下面的鳞片。肋骨能自由地前后运动。当肌肉收缩时，肋骨牵着鳞片活动，就像迈开无数只很小的脚行走一样，推动身体前进。

眼界大开

蛇丝鱼网

　　在希腊的北斯波拉提群岛上，有一种叫"夫加"的吐丝蛇。在这种蛇的头部有一个鼓起的囊包，这种蛇能不断地射出一种半透明的汁液，这种汁液遇到空气就会立即变干成丝。因为这种蛇吐出的汁液能像蜘蛛结网那样织成六角形的网，所以当地渔民就把这种网割下来，然后在网的两边稍做加工，再穿条拉网绳，一张蛇丝渔网就做成了。

26.放牧者若拉

20世纪80年代，苏联的一个村庄有一只鹤，名叫"若拉"。这可不是一只普通的鹤。说它不普通，是因为它能帮助人们牧羊。相信人们都听说过犬牧羊，却没有听说过鹤也能牧羊吧？但若拉却能。

若拉每天从早到晚一刻也不离开自己放牧的羊群，要是有一只羊跑远了，"若拉"立即就会张开双翅扑过去，使这只羊乖乖地回到羊群中。

其实，若拉来到这个村庄也是一次偶然。

有一年春天，切霍维奇在一块草地上发现了一只鹤，当时它躺在草地上，翅膀受了伤。切霍维奇想救治这只鹤，于是就把鹤带回家，给它熬药治伤，并同孩子们一起仔细地照料它，并给它取了个好听的名字——若拉。

孩子们都很喜欢若拉，每当去放牧时，常常把若拉带去，孩子们或许由于好玩，就指挥若拉去赶回跑散的羊群，若拉很聪明，很快学会了这一切。

秋天到了，鹤群飞经这个村子上空。若拉一冲而起，向鹤群飞去。但在空中盘旋了3圈以后，又回到地面，它没跟鹤群走。

冬天，它就同切霍维奇的家禽栖居在一起，同家禽友好相处。第二年春天，鹤群再次飞过村庄上空，可是若拉再也不想回到鹤群中去了。它与这一家人建立起了深厚的感情，每天早晨飞到草地羊群中，执行自己的放牧任务。

当地人也都很喜欢它，亲切地叫它"放牧者若拉"。

知识链接

鹤

　　鹤是一种少见的长寿飞禽，它一般能活60年以上。因为它身姿秀丽，举止优雅，所以多为画家所瞩目，诗人所赞颂。仙鹤通常都是雌雄成对的，一对仙鹤一旦在一起就绝不轻易分离。如果一方死亡，另一方将终生不配，而且时常哀鸣，声调凄惨。

考考你　　请你判断一下，下图这只白鹤是否正在睡觉？

答案　没有，因为白鹤睡觉时是一只脚独立的。

27.藏在地下仓库里的芝麻

一天夜里，希腊某市的一家糖果厂的仓库门被撬开了，仓库内的芝麻被窃，损失达120万美元。

狡猾的盗窃犯没有在现场留下任何明显的痕迹，警员们侦查了十多天，毫无结果。罪犯盗窃了那么多的芝麻，无疑是要出售的。于是，警察局派警员在码头、车站和交易市场上进行拦截和搜索，然而无济于事。

不得已，厂主只好求助于大名鼎鼎的私人侦探皮克得。

半个月后，皮克得打电话告诉工厂主："已经侦查确实，被盗窃的芝麻藏在某村的一个地下仓库里，速请警方派人前往处理。"

警察局局长带了几名警员赶往皮克得所说的村子，果真在一户农家贮存马铃薯的地下仓库里找到了大量芝麻。

经审讯，地下仓库的主人供认了与另外三名罪犯合伙盗窃芝麻的事实。这三名罪犯中，有一名是糖果厂的雇员。他们趁着天黑，里应外合作案。

出于好奇，警察局局长拜访皮克得时问道："不知你是怎么查到赃物的？"

"这是我的助手们的功劳。"皮克得说，"不过这些助手不是我花钱雇用的，是它们自己主动找来的。"

"有这样的事？他们是谁？"

皮克得用手指着地上说："它们就在地上，就是它们帮了我的忙。"
那么，你知道皮克得指的是什么吗?

科学揭秘

他指的是蚂蚁。

他在侦查时，有一次在那个村口大树下发现了一队蚂蚁，每天蚂蚁都在搬运芝麻。于是他顺藤摸瓜，发现芝麻是从村里运出来的。他忙向村民们打听，得知那个村子从来没种过芝麻。他感到这些芝麻很可能就是糖果厂失窃的那些芝麻中的一部分，可能是被罪犯们窝藏在那个村子里了。经过跟踪，他发现蚂蚁们的芝麻是从一间农舍里搬出来的，经了解，那间房子有一个地下仓库。

原来，蚂蚁能互通信息，它们的活动往往是通过触角来联系的。并且，同族蚂蚁身上有一种其家族特有的气味，当第一个报信的蚂蚁返回蚁巢的时候，它沿途会留下一些气味。即使这只蚂蚁不带路，它的同伴们也能追随这种气味，准确地找到食物。

28.残害鸵鸟的凶手

在某动物园，鸵鸟惨遭杀死。不仅如此，还被剖了腹，鸵鸟的内脏都被剁烂了。

这只鸵鸟是最近刚从非洲进口的，是该动物园最受欢迎的动物之一。

凶手是深夜悄悄溜进鸵鸟的小屋将其杀死的。

那么，凶手是什么人呢？凶手为什么会采取这么残忍的手法呢？

科学揭秘

凶手是利用鸵鸟的胃走私钻石的犯罪团伙。鸵鸟等杂食性鸟类有个与众不同的特殊的胃，能吞小圆砾石或小石子。杂食性的鸟因为没有牙齿，所以用沙囊来弄碎食物帮忙消化。这种小石子不会被排泄出体外，而会永远留在胃中。因此，罪犯在从非洲出口鸵鸟时，让其吞了大量的昂贵钻石。这样一来，他们便可躲过海关检查人员的耳目，走私钻石了。而他们在鸵鸟入境成功后，再伺机杀掉鸵鸟，从胃中取出钻石。

知识链接

为什么鸵鸟不会飞

鸵鸟是鸟类世界最大最重的鸟，体重有135千克，高约2.5米。鸵鸟后肢健壮，善于奔走，它有翅膀，却不能飞。有的科学家认为，几千年前鸵鸟也像其他鸟一样能飞，但是由于身体巨大，难以很快飞起来，到后来翼退化，没有了飞翔的能力，从而失去了空中那片领土。

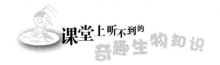

·对新婚医生去冲绳度蜜月。

为了欣赏海边火红的夕阳沉入大海时的壮美景色，夫妇俩正沿着金色的沙滩漫步，等待美景。这时，他们突然发现一个身着泳裤的青年倒在一棵大椰树下，晕了过去。

青年的旁边有一颗大椰子，椰子上还沾着血迹。

椰子树下的沙地上留着大螃蟹爬过的痕迹。

新娘子是海洋生物专业的毕业生，她指着地面的痕迹说："这可能是椰蟹爬过的痕迹。"

"椰蟹？那样的话，就是这位青年在树下睡觉时，有一只椰蟹爬来，爬上树，用自己的大剪刀剪断椰柄使椰子掉到树下，正好砸在睡觉青年的头上了。"新郎说。

那棵树上还挂着几颗椰子，又硬又重的椰子从十五六米的高处落下打在头上的话，自然能把人砸死。

这时新娘说："这好像不是事故，是有人用椰子打昏了这人，伪装了树下椰蟹的足迹，伪装成椰蟹干的事。"

你明白新娘为什么会这么说吗？

科学揭秘

椰蟹是体重1.5公斤左右的大型甲壳类陆生寄居蟹，生长在冲绳、台湾、南洋诸岛。白天钻进海岸的洞穴内，几乎不出来，而夜里活动。因此，绝不会发生大白天被害人在树下睡觉而椰蟹爬到椰树上把椰子剪掉的事情。

而且，即使在夜里，椰子的果蒂是坚硬的纤维物，尽管椰蟹的前爪再大（25厘米左右）也不具备剪断椰蒂的力量，充其量就只不过是爬到椰树上吃嫩芽，啃吃落在地上摔裂开的椰子果肉罢了。

罪犯不但不了解椰蟹夜间出来活动的习性，而且盲目地自认为椰蟹的大剪子可以剪断椰蒂，把椰子从树上剪落下来的传说。

考考你　你知道下图中这两只螃蟹谁是哥哥，谁是妹妹吗？

答案
长着的是哥哥，矮的是妹妹。因为螃蟹的脚越长越大，随着的脚长约，就是哥哥大。

30.被毒蜂蜇死的商人

在非洲某国，一位只身常驻的亚洲商人被毒蜂蜇后死了。

那是个星期六，商人在当地人中雇用的管家婆向他请了半天假，而当管家婆晚上回来后，发现主人死在了院子里一棵大树树荫的椅子上。地上丢着两个空啤酒罐和一些报纸。

警察接到管家婆的报案后立即赶来了。

"可能是在凉爽的树荫下一边喝着啤酒一边看日本报纸时被毒蜂蜇了。你瞧他的胸部还有被毒蜂蜇过的痕迹。"管家婆说。

所谓毒蜂是非洲的一种蜜蜂。它的毒性很大，一旦被这种蜂蜇了，多强壮的男子也会在地上打几个滚后死去，所以它又被称为杀人蜂。

"就算是被毒蜂蜇了，从他没来得及进屋里的状况看，大概是喝了啤酒醉醺醺地昏睡过去了。这附近有毒蜂窝吗？"

当警察对周围一带调查一番以后，发现空房的院子里有一棵大洋槐树。树上有一个很大的毒蜂窝。当时已经是夕阳西下的时候，毒蜂都钻进了蜂窝里，警察轻轻地走到跟前一看，发现在另一个树枝上挂着一部收录机。

"这种地方谁会把收录机挂在这？"警察边自言自语边取下收录机，把磁带倒回一放，是盘音乐带。警察听了一会突然想到了什么，马上断定说："这个商人并非是在院子里时偶然被毒蜂蜇死的，这是巧妙地利用毒蜂杀人案。"

你知道警察为什么会这么说吗？

科学揭秘

这部微型录音机里的磁带开头录着轻松柔和的华尔兹乐曲，可就在这部乐曲中间突然插了一段节奏紧张刺激的现代音乐。毒蜂在听轻松柔和的乐曲时会表现得温顺老实，而当突然听到这种强刺激的现代音乐时，便会马上兴奋起来，野性大发。罪犯就是趁被害人睡午觉的时候，利用毒蜂的这种习性，将录音机里装上这盘磁带，让毒蜂袭击了他。

考考你　你认为蜜蜂有鼻子吗？

蜜蜂的鼻子真灵，这么远它们也能闻到我的香味！

31.一条普通的牧羊犬

　　大侦探布里克森，在街上溜达时遇上了同乡拉平。拉平牵着一条普通的牧羊犬。为了还赌债，拉平想将此狗高价卖给布里克森。

　　"老兄，我这条狗的名字叫麦克，它可非同一般啊！"拉平接着绘声绘色地往下说，"在我家的农场旁边，有一条沿着山崖修建的坡度很大的铁路。一天，有块大石头滚到铁轨上，此时远远见一列火车飞快冲来。我想爬上山崖发警告信号，可不幸扭伤了脚摔倒在崖下。在这紧急关头，我这宝贝狗麦克飞奔回家，拽下我晒在铁丝上的红色秋衣叼着它闪电般冲上山崖。那红色秋衣迎风飘扬，就像一面危险信号旗。火车长见了这块红色的信号立即刹车，这才避免了一场车翻人亡的恶性事故。怎么样，我这宝贝麦克有智有谋，非同一般吧？"

　　拉平正欲漫天要价，不料话头被大侦探布里克森打断："请另找买主吧，老弟。不过你倒很会编故事，将来一定是位大作家！"这显然是讽刺之言。

　　请问，大侦探为何要讽刺卖狗人拉平？

科学揭秘

因为所有的狗都是色盲，所以，牧羊犬麦克不可能知道"信号旗"（秋衣）是红色的。

知识链接

狗为什么不出汗

汗腺在动物皮肤内，能排除体内产生的废物，而且在排除废物的同时又能散热，于是就使它们保持了正常的体温。这叫恒常性保持功能，对温血动物来说是非常重要的生理作用。狗因为没有汗腺，所以必须用呼吸来代替散热。

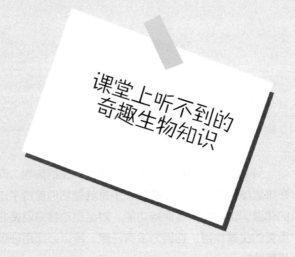

课堂上听不到的
奇趣生物知识

二

嘘，
植物王国中的
小秘密

1.生物学家的推理

夏季的一个中午，奥地利首都维也纳警察局突然闯进 位中年妇女，说她的丈夫失踪了，并提供线索：一个星期前，丈夫同一个叫维克多的朋友外出旅行。

警察询问维克多，他说："我们是沿着多瑙河旅行的。三天前，我们住在一家旅馆的同一间房子里，他告诉我要出去办点事，谁知过了三天也没回旅馆。他上哪儿去了，我也不知道。"

警察拨通了那家旅馆的电话，对方也回答不知道。警察局派出了几十名警察，根据失踪者的妻子提供的照片分头寻找，但找了几天仍杳无音信。不过警方认为，维克多是此案的重要嫌疑犯，于是将他暂时拘留了。

警官的一位好朋友是知名的生物学家，答应帮忙破案。

生物学家经过几天的忙碌，对警察说："老朋友，失踪的人恐怕已经遇害了，被害者的尸体可能在维也纳南部的树林里，你快带人去找！"

警官带了警察来到了南部的树林里，在一块水洼地里果真发现了一具男尸，经检验，的确是那个失踪者。死者的脖子上有几条紫色伤痕，他是被凶手掐死的。

审讯开始了。警官厉声喝问："维克多，有人告发你，是你把朋友骗到维也纳南部的树林里杀害的，快交代你的犯罪经过。"

维克多冷笑道："请证人来与我对质！"

生物学家指指证人席桌上的小玻璃瓶子说："证人在那里！它是

装在玻璃瓶里的花粉！它是从你的皮鞋上的泥土里得来的。"

"花粉？它怎么能证明是我犯了罪？"

生物学家说出了自己的理由。维克多只好低头认罪。原来，维克多的朋友这次外出旅行，带了不少钱，维克多见财起意，便把朋友诬骗到南部的树林里将其杀害了。

那么，你知道生物学家的根据是什么吗？

科学揭秘

花粉是裸子植物和被子植物的繁殖细胞，体积很微小，要借助显微镜才能看到。不同种的植物，它们的花粉形状是不同的。生物学家化验了维克多鞋子上泥土里的花粉，发现它们是桤木、松树和存在于三四千万年前的一些植物的粉粒。而这些特殊的植物组合是维也纳南部的一个人迹罕至的水洼地区特有的，它证明维克多曾和他的朋友到过那里。又根据维克多编造的谎话和死者脖子上的被掐的痕迹，可以推断维克多就是凶手！

知识链接

花儿为什么向阳

地球绕太阳旋转，是靠太阳的吸引力。北极的大部分植物，都擅长追逐太阳。为什么呢？因为那里气候寒冷，花儿向阳能聚集阳光的热量，形成一个温馨舒适的场所，引诱昆虫前来传粉，并促进其种子更好地发育成长，以延续自己的后代，不致被大自然毁灭。

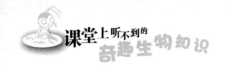

夏日的一天中午，有人发现了女作家小泉文子在自家院子里被杀害的尸体。她倒在草坪的地上，是被人用刀刺中腹部，连身旁放着的几盆花也溅上了血迹。

被害人单身一人居住，且现场又是与邻居相隔的独门独院，所以死后许久才被发现，验尸官来验尸时已经距离死亡过了三天。

"未解剖尸体，还无法推定确切的死亡时间，但看起来是8月9日中午到夜里12点之间被害的。"验尸官含糊地将作案时间推定在12个小时的范围。

罗波探长观察到旁边有一盆花，上面溅有血迹，花盆里的植物是类似仙人掌的植物，茎端开着白兰花似的花。但此时，花已经完全凋零了，凋零的花瓣上也有血迹。罗波探长想了想，十分肯定地说："如此看来，被害时间一定是9日8点到12点之间。"

你知道罗波探长是怎么推断出如此准确的作案时间的吗？依据又是什么呢？

罗波探长所观察到的那盆花是"月下美人"。

所谓"月下美人"是仙人掌的一种，开纯白色的花，花的直径有15厘米，但花期只有一夜，是只在夏夜开的一种短命漂亮的花。一般是晚上8点开始开花，4个小时后开始凋谢。

罗波探长看到凋谢了的月下美人的花瓣内侧也溅有血迹，便推定出死者是在花开约4个小时内被害的。

考考你

用剪刀把一朵白花的茎剪出一个斜斜的切口，插在一个有水的玻璃杯中，再在水里滴入红色素。第二天，这花能变红吗？你可以亲自试试，找到答案！

答案　把白色花插在红色的水里，花的茎吸收了带颜色的水后，将水传送到了花瓣，所以花瓣就变成红色了。

3. 致命树的故事

　　1850年的一天，黎明前，薄薄的晨雾笼罩着加里曼丹岛伊兰山脉附近的一个小山村。英国殖民者已在岛的北部沿海登陆，他们将要进攻这个小山村。村子里异常安静。

　　突然，"咚咚"的鼓声响了起来，这鼓声意味着已经发现了敌人。村民们马上躲进一人多高的草丛，做好了战斗准备。

　　来犯的是英国侵略者，他们一个个趾高气扬，对鼓声充耳不闻。对于他们来说，攻下面前这个小小的村庄，还不是"小菜一碟"！所以他们依然排着整齐的队伍，敲着军鼓，吹着洋号，神气活现地走着。

　　忽然，从道路两侧的丛林中，无数支箭嗖嗖地朝英军士兵射来。起初，英军士兵并不把这些箭放在心上。然而，慢慢地，他们发现不对劲了：中箭的人倒下去后就再也没有声息了。英国士兵发现，凡是被这种箭射中的人，都无一幸免地倒地死亡。英国士兵以为是碰到了魔鬼，惊骇万分，忙不迭地背着伤员，狼狈逃窜，再也不敢贸然行动了。

　　英国士兵中的是毒箭，是当地土著人自制的一种毒箭。当地土著人在制作毒箭时小心翼翼地将一种叫"见血封喉"的毒树的树皮划开，破口处很快渗出一种黏黏的白色浆汁，他们将浆汁集中于器皿中，再将植物的硬茎削成箭头，然后把箭头浸泡在浆汁中，这样，便制成了一支支毒箭。

"见血封喉"又叫箭毒木。箭毒木是一种桑科大乔木，树叶常绿，树干可长到25～30米高。叶子呈长椭圆形，有10余厘米长。特别是幼嫩的枝叶上，每每长出许多又粗又长的"毛发"。这种毛发酷似男子的胡须，所以当地人又叫它为"胡须树"。

箭毒木的毒性很强，若有人割破了树皮，不小心将流出的乳白色汁液弄到眼里，眼睛即刻就会失明；吞入口中，心脏很快便停止跳动。即使不小心沾染燃烧树叶所产生的烟气，身体也会受到极大的伤害。

箭毒木主要产于赤道附近的热带地区，我国的海南、云南等地有少量分布。它已被列入国家三级保护植物名单，加以保护。

眼界大开

会醉人的草

在非洲的埃塞俄比亚，有一种神奇的醉人草，这种草一尺多高，叶片上布满了针孔般的孔洞，从小孔里常会散发出一种香味，人一闻到，便会面红耳赤，浑身发热，像喝醉了酒似的。

4. "闹鬼"的柳树

很多年前，江苏某地的一些人在夜晚发现了几棵会发光的柳树。当时人们感到又奇怪又害怕，以为是"闹鬼"了。白天，这些树毫不起眼，可是到了夜间，它们却闪烁着一种神秘的浅蓝色的光。

在后来的很长一段时间里，始终没有人知道，这究竟是为什么。后来，人们经过研究发现，其实发光的并不是柳树，而是寄生在它身上的真菌——假蜜环菌的菌丝体。因为这种菌会发光，人们便给它取名为"亮菌"。这种菌长得跟棉絮一样，专找一些树桩安身，吮吸植物的营养，它们吃饱了就得意地闪光。

还有一些植物也会发光，但它们发光却不是这种"亮菌"引起的，而是因为这些植物体内有一种特殊的发光物质——荧光素和荧光酶。植物在进行生命活动的过程中要进行生物氧化，荧光素在酶的作用下氧化，同时放出能量，这种能量以光的形式表现出来，就是我们看到的生物光，即会发光的植物。

生物光是一种冷光，它的光色柔和、舒适。科学家们受这种冷光的启示，模拟生物发光的原理，制造出了许多新的高效光源来。

知识链接

人体也能发光

有些小朋友看到我国古典神话小说《封神榜》中描绘的神仙头上有三圈奇妙的光环时，很是羡慕，觉得很神奇。其实，我们这些"凡夫俗子"也会发光。人体发出的这种光被称为人体辉光。不过，人体辉光非常微弱，人的肉眼是看不见的，只有用特殊的仪器才能观测到。因而，千百年来，很多人对自身发出的这一神奇光芒，一直茫然不知。

蜡烛树

眼界大开

在美洲中部的巴拿马，生长着一种奇怪的树，树上结着一条条像蜡烛一样的果实，果实里面含有60%的油脂，当地居民把树上的果实摘下来，插在屋内的烛台上，晚上点燃它就可以照明。这种果实发出的光既均匀又柔和，还不冒烟，是一种理想的照明材料，故这种树被称为"蜡烛树"。

5.红豆树奇案

许多年以前，在印度某地曾经发生过一场悲剧。

娜地亚和拉吉是对恋人。他们俩从小一起长大，一起念书，真所谓是青梅竹马，两小无猜。

随着年龄的增长，娜地亚出落得明艳照人，气质不凡。拉吉也长成了一个棒小伙子，英俊潇洒，胆量过人。

两人渐渐到了婚嫁的年龄，拉吉便大着胆子向娜地亚的父母提婚，不料却遭到了娜地亚父母的拒绝。理由很简单：拉吉家里太穷，父亲只是个地位低下的铁匠。

但是，父母的反对不能阻止两个真心相爱的年轻人，他们依然苦苦相恋。每逢节日的夜晚，他们便来到郊外，点起篝火，默默地相对而坐。但这事被娜地亚的父亲发现了，他勃然大怒，便禁止女儿和拉吉来往。

一日，娜地亚在园中散步，她的眼睛忽然一亮，看见一棵大树上缠着一根惹眼的爬藤，爬藤的叶子长得像羽毛，藤上开出了淡紫色的花朵。那花儿实在是好看，娜地亚忍不住采下了几朵插入花瓶。

以后，她每次经过，总要多看几眼爬藤。春去秋天，爬藤上的紫花开了又落，终于结出了长椭圆形的荚果。娜地亚采下一捧荚果，将它们带回自己的卧室。待她剥开荚果，不禁心花怒放，因为荚果中滚出了几粒非常可爱的种子。那种子亮晶晶的，红黑相间，颜色十分好看，当地人称它为相思子。娜地亚将相思子拿在手中摩挲着，便想将它们送给拉吉。

然而，这时候拉吉早已离开了故乡，外出谋生。原来，娜地亚的父亲不放心拉吉，派人借故逼着拉吉远走他乡了。

娜地亚得知这个消息后，绝望之余，便一口气吞下了所有的相思子，香销玉殒，一命归阴。

这事闹到到警察局，娜地亚的父亲显得激动异常，一口咬定是拉吉害死了娜地亚。不过，化验结果表明，娜地亚是自杀而死，死因便是吞服了有毒的相思子。

由此，科学家向人们发出了警告：绝不要把相思子含在口中，也不要把相思子作为爱情信物互相赠送。因为相思子真的有毒，毒性还不小，家畜误服了15克以上就会中毒。

知识链接

相思子

相思子又称为红豆，它的学名叫印度甘草或念珠豆，是豆科木质藤本植物。它生有羽状复叶，复叶由8~18对椭圆形小叶组成，在春夏开出淡紫色的花朵，开花以后便结出长椭圆形的荚果。荚果内包着红黑相间的种子，此种子含有有毒的相思子毒蛋白。

一般的树木，在生长过程中最怕的就是被刀斧砍伤。然而，树中也有不怕刀斧砍的"硬骨头"，被刀斧砍过反而花繁果丰。这种树中的"硬骨头"便是芒果树。

关于芒果树，民间流传着一段这样的故事：

在很久很久以前，有个岭南人为躲避官府的追捕，逃到南洋，以种花木、果树为生。他栽种的芒果树生长得树壮、枝粗、花繁、果密。没多久他便成了当地栽种芒果树的名家。这一出名不要紧，官府探得消息后，便派人到南洋去追捕他。由于他躲避得快，等官府的人追到南洋时，已不见他的人影了。

官府没有抓到人，于是，派人用刀在芒果树上乱砍一番。但没想到，被刀砍过的芒果树上，结出的果实比没有被刀砍的芒果树结出的果实还多。后来，人们了学着用刀砍芒果树的办法促其生产，于是"刀砍树"的办法便流传了下来。

后来，人们渐渐弄明白了刀砍法促果丰收的道理。因为芒果的树叶茂密，光合作用合成出来的大量营养物质都由运输线传给了根部，以供根系长粗、伸展之用。过多的营养输入根部，则枝叶积累的营养就会不足，从而影响开花、结果。如将树皮砍开道道口子，就可以阻止过量的营养输进根部，枝干营养丰富可以促进芒果树多开花，花开得多，果实自然也就结得多。

芒果树

芒果树，属于漆树科、芒果属的常绿乔木。树冠生长得繁茂，呈球形；树皮厚，为暗灰色；树干高大粗壮，树高10~20米；寿命可达几百年。据说，芒果原产于印度，印度栽植芒果有4000多年的历史。有趣的是，第一个使芒果扬名于世的却是中国僧人——唐高僧玄奘。

眼界大开

"魔床"树

在南美洲亚马逊河流域的原始森林里，生长着一种神奇的小灌木，用它做床具有非凡的魔力。

人们在野外露宿的时候，睡在这种"魔床"上，就能很快入睡，而且不会有蚊虫叮咬或野兽袭击。如果在白天，人们即使很疲倦，躺在这种床上也不会睡着，要是把又哭又闹的小孩放在床上，他会立刻停止哭闹。这种床的魔力来自何方呢？

据植物学家研究，这种小灌木在夜间会散发出一种气味，既对人有催眠作用，又能驱赶蚊虫和一些野兽。到了白天，它又会散发出一种清香提神的气味，使人感到神清气爽，毫无睡意，孩子能被这种清香吸引，不哭也不闹啦。

7.发烧的花儿

20世纪80年代初，瑞典伦德大学三位植物学家来到了冰天雪地的北极。在北极地区人们看到臭菘花在冰雪中盛开。这些花为什么会在这么冷的地方开放？三位科学家奔赴北极的目的，就是要解开这个有趣的谜。

经过调查，他们发现臭菘花盛开的原因是因为花朵内部能保持比寒冷的外界温度高得多的恒温。花儿为什么能"发烧"呢？三位瑞典科学家认为这跟它们追逐太阳有关系。他们又将另一种生活在北极地区的仙女木花花萼用细铁丝固定，以阻止其"行动"，然后再在花上放一个带细铁丝探针的测温装置。

旭日东升，气温升高时，被铁丝固定的花朵内部温度要比未固定花朵的低，因为未固定的花朵能随着太阳的运动而一直面朝太阳。因此他们得出结论：花儿向阳能积累热量，有利于果实和种子的成熟。

美国加利福尼亚大学的植物学家沃尔则认为，极地花朵"发烧"是因为脂肪转化成碳水化合物释放热量所致。他观察到极地植物臭菘，在连续两星期的开花期间，漏斗状的佛焰苞把花中央的肉穗花序"捂"得严严实实，内部的温度竟然保持在22℃，用向阳理论显然难以解释。

经测定，沃尔发现臭菘体内存在一种叫乙醛酸体的特殊结构，它的内部是生物化学反应的最佳场所。当植物体内的脂肪转变成碳水化合物时，花儿就"发烧"了。

可不久，沃尔发现在另一种叫喜林芋的"发烧"花儿内部并不存在脂肪转化为碳水化合物的过程。喜林芋"发烧"是靠花儿内部雄性不育部分的"发热细胞"来发热的。沃尔因此认为，花儿"发烧"是为加速花香的散发，从而更好地招引昆虫帮它们传播花粉。在寒气逼人的北极地区，一朵朵"发烧"的花就像一间间暖房引诱昆虫前来寄宿。

但美国植物学家罗杰和克努森却有自己独特的看法。他们认为这些花儿"发烧"不仅是为了招引昆虫，更重要的是为了延长自身的生殖时间，只有这样，它才能从容不迫地开花结果，延续后代。

当然，花儿为什么"发烧"，至今尚无统一的说法。

眼界大开

抗癌树

科学家们发现，有一种名叫三尖杉的树，具有抗癌的功效。三尖杉是一种常绿灌木式小乔木，高不过1.2米。它的树皮是灰色的，叶子是长条形的，跟一般的杉树相似。它的根、茎里含有20多种生物碱，尤其是三尖杉酯碱和高三尖酯碱，对某些癌症有特殊疗效。

8. 碰不得的花果

著名的德国诗人歌德曾经叙述过发生在他家里的一件趣事：

"有一天夜里，我听到噼啪响声，好像有些小东西跳到天花板和墙上去了，我当时并不知道这是怎么回事。后来才发现，我采集的蒴果都裂开了，采集箱没有盖，种子蹦到各处去了。房间里太干燥，种子在几天内成熟到有这样大的弹跳能力，真使人不敢相信！"

歌德叙述的现象在野外普遍存在。有些植物就是靠这种方式传播种子的。一碰就炸的果实，最有名的要算凤仙花，它的果实成熟之后，用手指轻轻碰一下，就会"爆炸"开来。即使是遇到一阵小风，凤仙花果实也会突然"痉挛"，部分果实扭曲的力量使得5片果瓣裂开，用力把种子弹出1米开外，因而得到"别碰我"的别名。

除了凤仙花外，碰不得的果实还真不少，酢浆草的果实也碰不得，只要在它的果实蒴果的底部轻轻一捏，种皮便裂开，将种子弹射出去。

在欧洲南部有一种叫喷瓜的植物，果实成熟之后，它的种子会在里面黏液的压力下，连同浆汁一同喷射到6米远的地方。其实，碰不得的果实在豆科植物中比比皆是。绿豆、黄豆、豌豆，因果荚内有一层斜向排列的纤维，果实干燥后，纤维收缩变短。当收缩力量超过了果荚连接处的力量时，果荚会立刻破裂，并卷缩成螺旋形，种子就被弹射出去了。

在自然界里，种子弹射距离的世界纪录是原产于北非的沼泽木犀草创造的。沼泽木犀草是木犀草科一年生灌丛状草本植物，开黄绿色小花，能散发出麝香气味。沼泽木犀草的果实成熟后能自行裂开，像手枪射击一般把种子射到14米开外。美洲沙箱树的果实也很有能耐，它成熟开裂时，会发出巨响，把种子弹到10多米远的地方。

不管是凤仙花、酢浆草，还是喷瓜、豆类和沼泽木犀草，它们的果实和种子的喷射"装置"都是进化的产物，是为了繁殖后代，经长期自然选择的结果。

知识链接

植物的种子是怎样传播的

植物中的种子，大多是靠风来传播的，种子成熟后，借助风力四处飘荡。此外，也靠动物传播，如被动物吃了果子后，种子随着动物的粪便排出来，这样便起到了传播的作用。有的果实长有带钩的长刺，动物一碰上，它就牢牢地挂在动物的皮毛上，被带到远处去，掉落到哪里，就被传播到哪里。有些植物的种子成熟后，能靠自己的力量弹射出去等。

9. 会跳舞的草

提起跳舞草，许多同学会觉得奇怪，植物也会跳舞吗？当然会。

在我国南方，有一种草叫长叶舞草，是多年生草本植物，属豆科山蚂蟥属，有一尺多高，在奇数的复叶上有三枚叶片，前面的一枚大，后面的两枚小。这种植物对阳光特别敏感，当受到阳光照射时，后面的两枚叶片就会马上像羽毛似的飘荡起来。在强烈的阳光下尤其明显，大约30秒钟就要重复一次。因此，人们又把这种草叫"风流草"和"鸡毛草"。

长叶舞草还有位"姐妹"，叫圆叶舞草，它的舞姿更加敏捷动人。这种草分布在印度、东南亚和我国南方山区的坡地上。

除跳舞草之外，还有会跳舞的树。在西双版纳的原始森林里，有一种树，能随着音乐节奏摇曳摆动，翩翩起舞。当有优美动听的乐曲传来时，小树的舞蹈动作就婀娜多姿，当音乐强烈嘈杂时，小树就停止了跳舞。更有趣的是，当人们在小树旁轻轻交谈时，它也会舞动，如果大声吵闹，它就不动了。

这种草跳舞的奥秘是什么呢？

科学揭秘

对此，科学家们有各种不同的解释。有人认为这是由于植物体内生长素的转移，从而引起植物细胞的生长速度的变化造成的。也有人认为是由于植物体内微弱的生物电流的强度与方向变化引起的。除内因外，也有人从外部找原因。关于长舞草，有人认为，因为这种草生长在热带，怕自己体内的水分蒸发掉，所以当它受到阳光照射时，两枚叶片就会不停地舞动起来，极力躲避酷热的阳光，以便继续生存下去。这是它们为了适应环境，谋求生存而锻炼出的一种特殊本领。也有人认为这是它们自卫的一种方式，以阻止一些愚笨的动物和昆虫的接近。关于这类草跳舞的真正原因是什么，至今还没有一致的意见。

眼界大开

净水树

在印度尼西亚有一种"净水树"，这种树是辣木。当地人将辣木的种子称为"凯洛"，将它投入河中或井水中，一方面可以使水中的杂质凝集、沉淀，使水质澄清；另一方面还能杀死水中的微生物，如大肠杆菌，防止某些传染病的传播。

10.炮弹不入的"神木"

公元1696年，在当时俄国和土耳其交界的亚速海面上，爆发了一场激烈的海战。海面上炮声隆隆，杀声震天。俄国彼得大帝亲自率领的一支舰队，向实力雄厚的土耳其海军舰队发起了进攻。

当时的战舰都是木制的，交战中，不少木舱中弹起火，带着浓烟和烈火，纷纷沉下海去。由于俄国士兵骁勇善战，土耳其海军慢慢支持不住了。狡猾的土耳其海军在逃跑之前，集中了所有的火炮，向着彼得大帝的指挥舰猛轰。顿时，炮弹像雨点一样落到甲板上，有好几发炮弹直接打中了悬挂信号旗、支持观测台的船桅杆。

土耳其人窃喜，他们满以为这下一定能把指挥船击沉了，俄国人一定会惊惶失措，不战自溃的。可不料这些炮弹刚碰到船体就反弹开去，"扑通""扑通"，炮弹纷纷掉到海里去了，桅杆连中数弹，竟也一点没有受损！土耳其士兵吓得呆若木鸡，还没有等他们明白过来，俄国船舰就排山倒海般冲过来，就这样，土耳其海军一个个都当了俘虏。

这场历史上有名的海战使俄国海军的名声传遍了整个欧洲。

彼得大帝的坐船为什么不怕土耳其的炮弹呢？它们又是用什么材料做成的呢？

原来，这艘战舰用的是沃罗涅日的神木做成的。神木为什么这么坚固？当时人们并不知道其中的奥秘，只知道这是一种带刺的橡树，木材的剖面呈紫黑色，看上去平平常常的，也没有什么出奇之处。这种橡树木质坚硬似钢铁，不怕海水泡，也不怕烈火烧。后来人们发现，在该木纤维的外面全裹着一层表皮细胞分泌的半透明胶质，这种胶质遇到空气就会变硬，好像一层硬甲一样。这种胶质中含有铜、铬、钴离子以及一些氯化物等，正是由于这些物质的存在，才使得这种刺橡木坚硬如铁，不怕子弹，不怕霉蛀。另外，刺橡木分泌的这种胶质，在高温下能生成一层防火层，并分解成一种不会燃烧的气体，它能抑制氧气的助燃作用，使火焰慢慢熄灭。

眼界大开

最重的木

最重的木要属黑黄檀。木材气干容量最重的达1.25克/立方厘米，木材结构细致，纹理交错，强度和硬度大，把一块黑黄檀放入水中，它会像铅块似的即沉入水底，它适用于制造名贵家具，高级管弦乐器，精美工艺品等，我国云南西双版纳和思茅地区有分布。

11.神奇的指南草

"指南草"是人们对内蒙古草原上生长的一种野莴苣的植物的俗称。一般来说，它的叶子基本上垂直排列在茎的两侧，而且叶子与地面垂直，呈南北向排列。

指南草为什么会指南呢？

原来在内蒙古草原上，草原辽阔，没有高大树木，人烟稀少，一到夏天，骄阳火辣辣地烤着草原上的草，特别是中午时分，草原上更为炎热，水分蒸发也更快。在这种特定的生态环境中，野莴苣练就了一种适应环境的本领：它的叶子，长成与地面垂直的方向，而且排列呈南北向。

这种叶片布置的方式，有两个好处：一是中午时，亦即阳光最为强烈时，可最大限度地减少阳光直射叶面的面积，减少水分的蒸发；二是有利于吸收早晚的太阳斜射光，增强光合作用。科学家们考察发现，越是干燥的地方，其生长着的"指南草"指示的方向也越准确。

有趣的是，地球上不但有以上所说的会指示南北方向的植物，在非洲南部的大沙漠里还生长着一种仅指示北向的植物，人们叫它"指北草"。

"指北草"生长在赤道以南，总是接受从北面射来的阳光，花朵总是朝北生长；可它的花茎坚硬，花朵不能像向日葵的花盘那样随太阳转动，因此总是指向北面。

知识链接

指南树

在非洲东海岸的马达加斯加岛上，还有一种"指南树"，它的树干上长着一排排细小的针叶，不论这种树生长在高山还是草原，那针叶总是像指南针似的永远指向南方。

眼界大开

瓶子树

瓶子树原产于南美洲，也叫纺锤树，属木棉科，瓶子树生长在南美洲的巴西高原上，大约30米高，两头较尖细，中间粗大，其最粗的地方直径可达5米，里面贮水约有2吨重，远远望去，瓶子树很像一个巨型的纺锤插在地里，所以也叫纺锤树。

瓶子树之所以长成这种奇特的模样，跟它生活的环境是相关的。瓶子树生活在巴西一处既有雨季也有旱季，但是雨季较短的地带，瓶子树在雨季时，可以吸收大量水分，并将其贮存起来，以备旱季时供应自己的消耗。一般一棵大瓶子树可以贮存2吨水之多，犹如一个绿色的水塔。因此它在漫长的旱季也不会干枯而死。

纺锤树可以为荒漠上的旅行者提供水源。人们只要在树上挖个小孔，清新解渴的"饮料"便可源源不断地流出来，以解决人们在茫茫沙海中的缺水之急。

12. 古老的龙血树

在惊涛拍岸的非洲西北海岸外，有一个叫加那利群岛的岛，它由东西两大岛群组成，东面的岛群地势较低，由8个小岛组成；西面的岛群地势较高，由几个小岛组成。加那利群岛是古代火山爆发以后形成的，遍布群岛的肥沃的火山灰土和温暖的气候造就了岛上葱郁的植被。从飞机上俯瞰，满目都是苍翠而又神秘的浩瀚林海。

19世纪初，一位浓眉大眼、天庭饱满的西方探险家加入了考察加那利群岛植物资源的行列。他就是后来闻名全球的德国自然科学家亚历山大·冯·洪堡。

这次，洪堡是为了弄清楚非洲西北海岸一带的植被情况而来到加那利群岛的。不想，他刚一登上这个充满神秘色彩的位于北回归线附近的群岛，洪堡便被岛上的植物世界征服了。

展现在洪堡眼前的比比皆是的大树，有的粗到要几人才能合抱，它们形态各异。有一棵老树虬枝横结，树皮略显灰白，分枝全在高高的顶端，主干的直径粗约5米，树高达18米。枝条的上部嵌生着略带白色的小叶子，那叶子似一把把小剑，直指蓝天。

可惜的是，树干离地三四米处已被大风刮断，因此斜倚在地上。断处的直径超过了1米。洪堡心想，这是一棵什么样的树呢？从叶子看，像是单子叶植物。几经鉴定，洪堡终于认定，这是单子叶植物中的龙血树。

　　龙血树属百合科，一年四季常绿，不落叶，树高可达20米以上，主干的直径常超过1米。然而，洪堡看到的被风吹折的龙血树是龙血树中的大个子。可惜的是，树干已经被虫蛀空，不然的话，它将是一棵极为壮观的巨树。

　　但洪堡并不就此罢休，他将树干外圈的年轮仔仔细细地数了一遍。嘿！外圈的年轮竟有2000多圈，再加上蛀空的部分，洪堡估计，大树的年轮约有8000多圈。换句话说，它已有8000多岁了！

　　洪堡有幸看到活了8000多年的龙血树。人们不禁要问：龙血树真的有那么长的寿命吗？植物学家的回答是肯定的：龙血树生长缓慢，存活时间长，树干的直径一年之中加粗还不满三厘米，一般寿命超过100岁。

知识链接

有用的龙血树

　　龙血树的树形大都非常美观，它呈"丫"形，婀娜多姿。龙血树分泌的紫红色树脂称为"血竭"，有一股特殊的香味，具有止血和治疗跌打损伤的功能。以往，非洲人只是将血竭作为染料使用，这其实是一大浪费。

13.闭花授粉的绝技

　　植物传宗接代的一般规律是先开花后结籽。可有的植物则花不开就结籽，同样可以传宗接代。

　　植物的这种特殊生理现象，在植物学里叫"闭花授粉"。为什么这些植物不开花就能结籽呢？

　　美国有两位植物学家，通过两个有趣的实验，揭开了植物闭花授粉的秘密。

　　在美洲生长有一种叫"大花寇洛玛草"的植物。这种植物生长有能开放的花朵，通过媒介开花授粉；也生长有不开放的花朵，能闭花授粉。两种授粉现象兼而有之。

　　两位植物学家研究发现：当气候干燥，植物缺少水分时，这种植物能开的花朵就减少，不能开的花朵则增加，这时主要靠闭花授粉；而在水分充足，植物不缺水时，能开的花就增加了，闭花授粉则减少。他们还发现：当缺水时，植物体内的一种激素——脱落酸明显增加。由此他们推测：是不是脱落酸在控制着植物的闭花授粉呢？

　　于是，他们用稀释的脱落酸激素喷洒在供水充足的植物上，结果，这些并不缺水的植物也像缺水时一样，产生大量闭花授粉的花朵。设想得到了证实。

　　他们进一步设想：脱落酸与植物体内的另一种激素——赤霉素是互相抵抗的激素。那么，赤霉素会不会控制植物开花授粉呢？他们用赤霉素水溶液喷洒干旱的植物，结果干旱缺水的植物开出大量的花朵，闭花授粉明显减少。

试验揭开了控制植物开花的谜，原来，在缺水时，植物内部的脱落酸大量增加，使得植物闭花授粉；水分充足时，植物体内赤霉素增加，使得植物开花授粉。

那么，为什么干旱时植物大量依靠闭花授粉呢？两位植物学家在研究中还发现：植物开花授粉要比闭花授粉能量消耗得多。植物开花后要使花朵维持到完成授粉，这一过程要消耗相当多的能量。在缺水的情况下，植物体内发生"能源危机"，无法供给开花所需要的能量，这时植物就会通过闭花授粉，甚至在花芽时就完成了授粉，这样就可以缩短花期，节约能量，保证后代的繁殖。这种高明的节能办法，是植物通过长期进化、自然选择的结果。

知识链接

竹子没有种子是怎么繁殖的

竹子是单子叶植物，而一般树木大多是双子叶植物。竹子不仅有地上茎，还有地下茎。竹子的地下茎叫竹鞭，在地下横着生长，竹鞭节上的芽每年都会长出地面，外面包着笋壳，这就是我们吃的竹笋，竹笋继续长大，就成了竹子。竹子就是用这种方式来进行繁殖的，它无须用种子来繁殖。

14.老树吞屋

在香港新界锦西区水头村，有一棵能"吞吃"房屋的老榕树。它浓荫蔽地，奇大无比，树身周围的气根条条垂下来，深深扎入土地。

这棵老榕树的树干十多个人才能合抱，树冠形成的浓荫覆盖了数百平方米的面积，树龄已有五六百岁。

使人惊奇的是，此树曾将一间面积为50平方米的房子吞得"尸骨无存"。走进老树的"腹部"，就能发现这间房子的痕迹。房子的四壁早已荡然无存，仅留门口两根石柱孤零零地"站着"，走进空空的"树腹"，可以看出地上留有炉灶的痕迹。树腹的南面存有一段高约4米的砖墙，砖墙上还有一扇窗子。树干离地两三米的高处，一根粗粗的气生根巨蟒般悬挂下来，紧紧抱住一小段断墙，那情景极似一只大章鱼用巨大的腕足死死缠住溺水的人，使人看了不禁毛骨悚然。

如此一间大屋子是在什么时候、什么情况下被吞噬的呢？对于这个问题，许多村民都答不上来。

然而，植物学家却告诉我们，这是一种发生在榕树身上的自然现象。老榕树之所以能够吞屋，是因为它的生命力特别旺盛。榕树生活在热带和亚热带地区。在一些地区，榕树的身上常会长出一些大大小小的根来，这种根入地后能起支持作用，故也称支持根。由于它们初生时暴露在空气中，所以有人将它称作气生根。

榕树长出气生根的时间有先有后，所以气生根粗有细，有的如手指般粗，有的如碗口般粗，还有更粗的。它们悬在空中，形成一片气生根的世界。

这些气生根一旦接触到地面，便马上钻进土里，贪婪地吸收养料。一棵榕树，长出的气生根少则100多条，多则上千条，甚至数千条。随着气生根数目的增多，榕树吸收的营养也越来越多，身子便越长越大，终于长成一片"独木森林"。要是榕树的生长过程中，它正好碰到一间废弃的屋子，榕树便将气生根不断地伸向屋顶或墙壁，时间久了，屋子倒塌了，砖块被人捡走了，便形成"老树吞屋"的现象了。

知识链接

为什么植物的根只朝地下生长

这个问题看似十分简单，可要仔细回答还很不容易。最近几位美国科学家为了回答这个问题，对玉米、豌豆和莴苣的幼苗进行了专门的研究。他们发现，植物根冠的细胞壁上积累着大量的钙，尤其在根冠的中央，钙的密度最大。因此，他们认为，除了地球重力场的影响外，钙对控制植物的根向地下生长，起着至关重要的作用。植物也具有定向能力。

15.植物的语言

　　植物作为一种有生命的东西生活在自然界，与我们人类朝夕相处，它们在不断地发生变化，逐步完善自己，它们的许多变化，是人们意想不到的。植物与动物是生物界的两大家族，历来被看做是截然不同的。近年来，科学家在对植物进行研究的过程中发现，植物和动物在许多方面有着惊人的相同之处。

　　在20世纪70年代，一位澳大利亚科学家对植物的研究有了新的突破。

　　这一年，他的国家发生了百年一遇的严重干旱，许多庄稼都枯死了。他带着沉重的心情来到一片庄稼地里，研究植物在特大干旱环境下的生长发育情况。

　　突然，一阵"喀嚓、喀嚓"的响声引起了他的兴趣。他停下来，仔细听。在寂静的环境里，这种响声非常清晰。他发现，响声是从庄稼地里传出来的。面对这种情况，他兴奋不已，他预感到，自己将会有一个十分重要的发现，而且就在眼前。要知道，他听到的是植物发出的响声。这响声代表着植物的某种潜在意识。就是说，在这种情况下，植物的这种响声代表了某些想法。他认真地听了会儿，随后，蹲下去，仔细地观察起来。

　　火辣辣的太阳灼烤着大地。汗水一滴一滴地从他的脸上滴到了干旱而易见的庄稼地里，他全然不顾。

　　科学家全神贯注地听着那"喀嚓、喀嚓"的响声，脑子在飞快地思索……这响声是出于偶然，还是由于植物渴望喝水而引起的呢？如果是前者，那就没有意义了；如果是后者，意味着什么呢？

科学家推断着，这可能是植物想喝水而发出的一种声音，这是植物在表达一种渴望。他对自己的推断感到异常兴奋。因为，这可能意味着一个新的伟大发现：植物也有表达自己意愿的特殊语言。

第二天，他整理好材料，迈着坚定有力的步子走进了科学演讲大厅。许多同行都用期待的目光注视着他。他激动地演讲了自己的新发现。

后来植物学家们研究发现，植物是有语言的。美国、荷兰的科学家们发现，玉米便能在遇到毛虫攻击时，发出SOS信号，向昆虫呼救。当玉米被毛虫啃食时，玉米叶会释放出一些能挥发的化学信息物质。寄生蜂通过这种化学信息物质，接收到玉米发出的呼救信号后，就会远道而来，向毛虫发动攻击。

当然，许多的农作物在遭到毛虫危害时，都会发出SOS求救信号，引来昆虫帮忙。

眼界大开

气象树

在安徽和县境内，有一棵高大的榆树，人们根据这棵树发芽的迟早和树叶的疏密，可推断当年旱涝和雨水情况。该树如若在谷雨前发芽，且芽多叶茂，往往当年将会雨多水大；该树若按时令发芽，且树叶有疏有密，则当年基本风调雨顺；该树若推迟发芽，叶又少，则当年将会有旱灾。

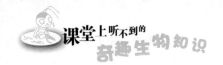

16.植物的血型

关于植物有血型的问题，竟是日本的一位警察发现的。他叫山本，是日本科学警察研究所的一名法医。

一天夜里，有位日本妇女在自己的居室里死去。警察赶到现场后，无法确定她是自杀还是他杀，便进行血迹化验。

经化验，死者的血型为O型，可枕头上的血迹却是AB型。于是警方便怀疑是他杀。可是，后来一直没有找到凶手作案的其他佐证。这时，有人提出，死者枕头里的荞麦皮会不会是AB型血呢？这句话提醒了山本。他取出荞麦皮进行化验，发现荞麦皮果然是AB型血。这件事引起了轰动，也促进了山本对植物血型的更进一步研究。

他先后对500多种植物的果实进行观察，并用实验的方法，检测它们的血型。检测发现，茶果、草莓、南瓜、山茶、西红柿、辛夷等60种植物是O型血。珊瑚树、辣椒等24种植物是B型血。葡萄、李子、荞麦、单叶枫等是AB型血。但至今没有检测到A型血的植物。根据对动物血型的分析，山本认为，当糖链合成达到一定的长度时，它的尖端就会形成血型物质。

然后，合成就停止了。这也就说，血型物质起到一种信号的作用。正是在这时候，才检验出了植物的血型。

山本发现，植物的血型物质除了担负自身能量的贮存任务外，由于其本身黏性大，似乎还担负着保护植物体的任务。

人类的血型，是指血液中红细胞细胞膜表面分子结构的型别。植物有体液循环，体液也担负着运输养料、排出废物的任务，体液细胞膜表面也有不同分子结构的型。这就是植物也有血型的秘密所在。

当然，植物体内的汁液与人体中的血液有所不同，这里指的血型物质，实际上主要是汁液中精蛋白一类的成分，与人体内的血型物质相似。今天，这种新奇的研究方法，成为一种新的植物分类方法——植物血清分类法的重要依据。

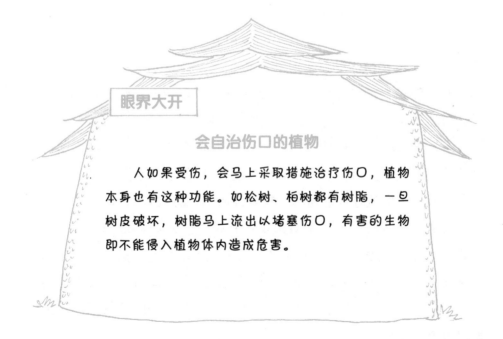

眼界大开

会自治伤口的植物

人如果受伤，会马上采取措施治疗伤口，植物本身也有这种功能。如松树、柏树都有树脂，一旦树皮破坏，树脂马上流出以堵塞伤口，有害的生物即不能侵入植物体内造成危害。

17.植物的眼睛

科学家们发现，植物也是有眼睛的。

植物叶子里有一个像动物视网膜一样的感受器。这个感受器能够感受到光的长短、强弱和光照时间。正因为如此，植物才能控制开花时间和变换叶子、根的生长方向。

植物的茎、叶对色彩极为敏感。当用一束蓝光从侧面照射植物时，植物的茎会变向蓝光一边。而换用其他颜色的光照射时，茎则没有反应。这说明植物的茎上有蓝光传感器，能识别出蓝光，并控制茎的生长。而植物的叶子对蓝光则毫无反应。它身上有红光传感器，只有在自然光和红光的照射下，才能生长旺盛。

令人吃惊的是，植物"眼睛"中感觉光线的物质，与动物眼睛视网膜中感觉光线的物质是一样的。这种感觉光线的物质叫"视紫红质"。我们人类就是依靠这种"视紫红质"才感觉到光的。

近年来，植物家加强了对植物"眼睛"的研究。他们发现，植物分为白天光照需超过2小时的长日照植物和少于12小时的短日照植物。科学家还发现，植物的"眼睛"比较喜欢阳光，而且不同的植物喜欢不同的光。清晨，浅色阳光能使菜籽发芽，而黄昏暗红的阳光，则会使菜籽发芽停顿。

经过科学家不懈的努力，终于从植物细胞内提取出含量极少（30万棵燕麦苗中只含几克）的感光视觉色素（一种带染色体的蛋白质），它就是植物的"眼睛"。

染色体使蛋白质呈现蓝光，因而使"眼睛"具有吸收光的作用。因此，植物的"眼睛"会对不同波长的光作出不同的反应。人们发现，藻类对红光、橙光、黄光和绿光都能产生反应。清晨，当太阳升起时，藻类的"眼睛"看到了浅红色光，显得异常活跃。黄昏时，天空呈现暗红色，视觉色素变得迟钝起来，于是，植物就闭上了"眼睛"。

因为有了"眼睛"，植物的全身都有灵敏的感觉系统，能对光产生各种反应。有一种藻类能根据光照的强弱和角度在水中游动，甚至可以旋转90度。一些蓝藻为了寻求适宜的光照，还能在水中漫游。如果被邻近的植物遮住了光线，"眼睛"会"命令"自身尽快生长，越过障碍，以求得充足的阳光。

目前，人们对植物"眼睛"的了解还比较粗浅。要揭开这个谜，还有待于科学家们做进一步的研究。

眼界大开

贮水树

在热带的草原，有种树叫纺锤树，腰部硕大，两头尖细，好像纺锤那样，因此而得名，也有人称其为瓶树。较大的纺锤树高有30米，最粗的部位直径可达5米，里面贮水约有上吨重，雨季时，它吸收大量雨水，贮存起来，到干季时供应自己的消耗，所以我们又叫它为贮水树。

18.植物的睡眠

人在劳累一天之后，只要睡上一觉，便会精神抖擞。你知道植物也会睡觉吗？

一些植物也和动物一样，需要睡觉。合欢树就是这样。白天，合欢树叶会伸展开来，到了夜里，合欢树叶便会垂下来，显出睡眼惺忪的样子。

最早提出植物"睡眠"概念的人，是英国著名生物学家达尔文。他在其著作《植物的运动》中指出，一些主动进入"睡眠状态"的植物，叶片不容易受冻。当时，达尔文的这些理论并没有引起人们的重视。20世纪60年代，欧美和日本的一些学者开始研究植物的睡眠活动，其中最流行的莫过于"日光理论"。

所谓"日光理论"，就是过多的日光照射会干扰植物对昼夜长短的适应性。为了避免这种干扰，植物才保持"睡眠状态"。

美国科学家恩瑞特用一枚灵敏的测温探针，在夜间测量多花豆叶片的温度。他发现，入睡的叶片与没入睡的叶片相比，温度约高1摄氏度。由此，恩

瑞特认为，正是这细小的温度差异成为影响叶子生长的重要因素。

一些植物学家认为，植物"睡眠"不但有利于生长，还能很好地保护自己。有些植物，白天叶片挺直，夜间，叶片下垂，这可以减少热量散发和水分蒸腾。

秋牡丹、郁金香和睡莲的花瓣在夜间闭拢，可以防止冻害。这是植物在长期进行过程中，依据光照、湿度变化形成的一种适应。

此外，植物在睡眠活动中是如何入睡，又是如何醒来的等问题，还需要我们做进一步的研究。

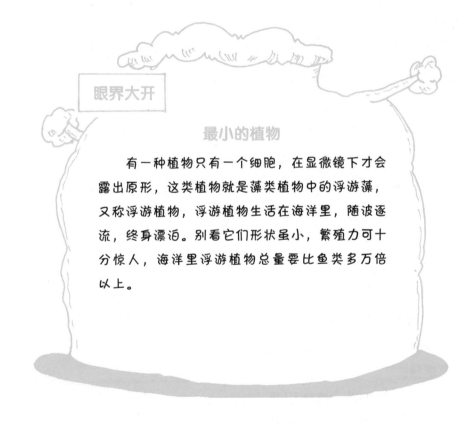

眼界大开

最小的植物

有一种植物只有一个细胞，在显微镜下才会露出原形，这类植物就是藻类植物中的浮游藻，又称浮游植物，浮游植物生活在海洋里，随波逐流，终身漂泊。别看它们形状虽小，繁殖力可十分惊人，海洋里浮游植物总量要比鱼类多万倍以上。

19. 植物的记忆

如果有人说，植物也像动物一样有记忆力，许多人恐怕都不会相信。

科学家们在三叶鬼针草身上进行了一项有趣的实验，结果证明，有些植物不仅具有接收信息的能力，而且还有一定的记忆能力。

这项实验是法国克累蒙大学的科学家设计的。他们选择了几株刚刚发芽的三叶鬼针草。整个幼小的植株上，总共只有两片形状很相似的叶子。科学家用4根细细的长针对右边一片子叶进行穿刺，使植物的对称性受到了破坏。5分钟后，他们用锋利的手术刀把两片子叶全部切除。然后，再把失去子叶的植株放在良好的环境中，让它们继续生长。

5天之后，意想不到的、有趣的现象发生了：在这些植株上，没有受到针刺的一边，萌发的芽生长旺盛；而受到针刺的一边，芽的生长明显缓慢。

这个结果表明，植物依然"记得"以前那个破坏对称性的针刺，没有"忘记"针刺给自己带来的"痛苦"。

以后，科学家经过一次又一次实验，发现了更多的证据。他们甚至已经知道，植物的记忆大约能保持13天。

植物怎么会有记忆呢？科学家们解释说，植物没有大脑，也没有中枢神经，它的记忆当然与动物有所不同，也许是依靠离子渗透补充而实现的，但这仅仅是推测。应该说，关于植物记忆的问题，在目前还是一个没有被彻底解开的谜。

知识链接

植物吃什么

植物会不会饿呢？饿了又吃什么呢？这是一个十分有趣的问题。经过科学家研究发现，植物主要吃的是二氧化碳。叶子是吃二氧化碳的"大嘴"。叶子是靠叶绿素进行光合作用制造"食物"的。在叶子中，二氧化碳和水经过加工产生葡萄糖，葡萄糖能变成淀粉和其他物质，葡萄糖溶解于水，随时可以被输送到植物各部分去。淀粉先是贮藏在叶子里，在植物生长阶段，淀粉用来使植物生长发育，开花后，淀粉被送到种子里贮藏起来。当然，只有二氧化碳，植物还不能生存。植物喝的水是相当多的，水是植物的命根子。植物还要吃少量的氮、碳、钾、钙、铁、镁、硫七种元素。这些构成了植物的食谱。

20.植物的听觉与嗅觉

　　植物也能听得见声音。莫迪凯·贾菲教授通过向矮豆植株不断播放70～80分贝——比普通的人声略高的"颤音"，使这种植物的生长速度加快了一倍。种子的发芽率也能通过同样的方法大大加快，萝卜种子的发芽率可以从平均20%增加到80%～90%。

　　植物还具有十分敏感的嗅觉。荷兰瓦宁恩农业大学的科学家马塞尔·迪克发现，当植物受到害虫攻击时，它能分泌出一种气味来提醒其他植物开始产生害虫讨厌的气味，迪克使用风筒将受攻击的植物发出的气味引向健康的植物。健康的植物在"闻到"或"听到"警告后便迅速开始释放特殊气味。迪克还发现，当利马豆受到红叶螨的攻击时，它便释放出一组化学物质，其中包括甲水杨酯，它可以吸引食肉螨赶来吃掉红叶螨。

　　植物在还是种子的时候就具有出色的嗅觉。即便是埋在土里的最微小的种子也能闻到烟雾里能促进其发芽的化合物。这可能是大自然用来保证种子在森林大火中得以延续的途径，在南非纳塔尔大学和柯尔丝滕博施国家植物园工作的英国科学家发现，如果把植物种子浸泡在水中，而水里又充满了烟雾中的化合物的话，那么有许多种子在完全黑暗的环境中也能够发芽。

　　大树也有嗅觉。多位科学家已证实，如果一棵树被害虫侵害，邻近树所受的侵害就会轻一些。他们认为，第一课树会"提醒"它的邻居通过释放害虫讨厌的气味来采取保护办法。

人们还知道可以利用植物的各种感觉对付那些不受欢迎的植物。专家们建议的喷洒除草剂的最佳时间是夏末，要恰好赶在天气变冷之前，杂草会在日间吸收除草剂，而当它感到气温下降时，它就会将除草剂以及为寒冬储备的养料一起吸到根部。这样，除草剂就会将草根杀死，而杂草就没有机会在来年重生了。

知识链接

为什么树木剥了皮会枯死

树皮是干什么的？原来，树皮是植物运输养料的通道，树皮里有一层叫做韧皮部的组织，里面排列着一条条管道，这些管道由很多细胞上下连接成。在细胞连接的地方，有一层筛子模样的筛板，筛板上的细孔使细胞之间能够互相沟通，这些细孔叫筛管，它是植物运送养料的大动脉，一旦树皮被剥去，运输线被切断，树木得不到养分，就会枯萎死亡。

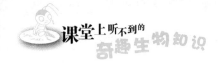

21. 不倒的怪树

　　某日，云南普洱县发生了里氏6.3级的大地震，地震过后，一场10级大风突然袭击了普洱县大部分地区。大风中，普洱县宁河镇南口村村口一棵百年老椿树在狂风中轰然倒地。

　　老椿树倒了的消息在村里不胫而走。因为过去这一带的村民总习惯在这棵大树下乘凉、休息。第二天一早，很多伤心的村民不约而同地来到横躺在地的大椿树旁，老人们一边不停地摇头惋惜，一边围着老椿树转来转去，当有人心疼地蹲下去抚摸这棵老椿树时，人们才惊异地发现，这棵树冠如此巨大的老树，竟然没有直穿地层深部的主根，只有无数在老椿树倒地时已折断的支杈根和气根。

　　树冠巨大的椿树倒地后因恰巧阻断了通往村头的小路。村民们出来过去十分不便，几经磋商，人们最后决定其分段砍伐后当柴烧。

　　两天后的中午，有不少村民带着各种工具来砍树，当这棵大树的树冠和不少树根被砍断运走，主干也肢解到只剩3米左右时，突然"哗"的一声，大树猛然拔地而起，端正地矗立在原来的位置上，如同从未被刮倒过一般。这转眼之间发生的奇迹，把正在锯树身的3个村民吓得目瞪口呆，掉头就跑。旁边的许多人也不知所措，有人甚至下意识地给老椿树磕头作揖。"神树"的消息从此迅速传开。以至于滇西南一带许多农民翻山越岭，带着干粮，前来朝拜这棵"神树"。

　　后来，科研人员对这棵椿树进行了考察、研究。有人推测，当时大树倒地后，有部分气根未折断，仍在地里，又正因为当时地震过后，地壳的整合形成拉力，将老树的气根重新拉紧，在有人砍树时，气根拉起了余下的树干。也就是说，如果当时整棵树包括树冠还在，也许是拉不起来的。

但另一些人不同意这种说法，他们认为气根毕竟不是主根，而且也断得差不多了，单单靠这些残缺的气根怎么能拉起来大树呢？

世界之大，无奇不有，至今这棵大椿树仍默默无语地每天迎送着出来过去的当地村民，那哗啦啦的树叶在春风中似乎又不停地低声诉说着，只是我们听不懂罢了。

眼界大开

最轻的木

轻木，是棉科的常绿乔木，原产于美洲热带，生长一年可达5.26米，树围30～40厘米，轻木烘干后的比重为0.1～0.2，一个人扛一根4～5米长、面盆口那么粗的轻木是轻而易举的。轻木的物理性能良好，具有隔音、隔热的特点，是航空、航海、体育等方面的特殊用材。

22.植物的自卫

在自然界里，有数不清的植物，尽管它们随时面临着微生物、动物和人类的威胁，却仍然郁郁葱葱，生机勃勃，生活在地球的每一个角落。植物虽然是一些花草树木，但也有一套保护自己的有效方法。

在原野里，在农村村民居住的房子周围，我们会看到枸杞，它浑身上下长满了粗刺，你要是不小心，被它刺了一下，肯定皮破流血。因此，原野里多么凶猛的动物都不敢碰它，它可以自由自在、无忧无虑地过着太平无事的生活。

在我国的华北、华东、华中、华南和西南的山区里，有一种带刺的树木，它的树干上、枝条上，连叶柄上都长满了大大小小的棘刺，野兽不敢靠近它，鸟儿根本无法在上面立脚，因此，它又有"鹊不踏"的诨名。

在公园里，我们经常可看到构骨，它是一种常绿小乔木，叶子生得奇特，革质化，长椭圆状的四方形，每片叶子上有三四个硬刺齿，若不小心被戳一下会很痛，鸟儿也不敢在树上过夜，因此，它的绰号就叫"鸟不宿"。它结的鲜红或黄色果实，鸟儿只好望望，流流口水，也不敢前来问津。

欧洲阿尔卑斯山上的落叶松，更是有趣极了，幼时的嫩芽被羊吃去后，就在原地方长出一簇刺针，新芽在刺针的严密保护下生长起来，一直长到羊吃不着时，才抽出平常的枝条。

在非洲还有杀鹿的植物和杀狮子的植物。杀鹿的是马尔台尼亚草的果实。该果实的两端像山羊角般尖锐，生满针刺，形状可怕，有人称它为"恶魔角"。这种果实成熟后落在草中，当鹿来吃草时，果实就插入鹿的鼻孔，于是鹿疼痛难忍，有的竟发狂而死。

杀狮子的植物也是利用果实来自卫的，其果实上长有许多像铁锚一样的刺，长三四厘米，非常坚硬，当狮子到这里来捕食，被它刺痛时，就非常恼火地张开血盆大口来咬它，这时，这种果实上的"铁锚"就会钩住狮子的上下腭和舌头，威风凛凛的狮子这时什么东西也吃不下了，只有等着活活地饿死了。

此外，许多植物在受到昆虫来袭时会生成一些特殊的化学物质，如合成萜烯、单宁酸等，可以有效地抑制昆虫的侵袭。

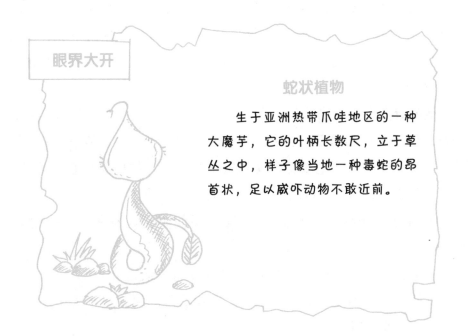

眼界大开

蛇状植物

生于亚洲热带爪哇地区的一种大魔芋，它的叶柄长数尺，立于草丛之中，样子像当地一种毒蛇的昂首状，足以威吓动物不敢近前。

23.爷爷留下的金币

青年汉斯手里有一封爷爷的遗书，上面说：20年前，他把很多金币装进壶里藏在了他家后院，把外院的树移栽到埋藏壶的地方，作为标记。等他长大了就可以在那棵树下挖出金币。

汉斯已经18岁了，他觉得自己可以挖出金币了，但是后院还有九棵树，有白杨、柳树、落叶松等，金币究竟埋在哪棵树下呢？没办法，汉斯打算把全部的树一棵棵砍倒后，再挖掘宝贝，直到找出装金币的壶为止。

他的好朋友——聪明的修利曼观察了一下院子里外的环境和树。他发现院子外面和里面比起来，土地肥沃、阳光充足。他想了一下，给汉斯提议道："不需要把每棵树根都挖出来。你只需要把九棵树的树干全部锯倒，这样我可以马上告诉你哪棵树下埋着壶。"

汉斯有些诧异："啊，真的吗？即使不把树根挖出来也能知道？"

"是的，但不要用斧子砍倒，请用锯子整齐地锯断。"

汉斯顿时精神倍增，马上拿来大锯锯后院的树。只半天工夫，后院的树已被全部锯倒。

修利曼看了每一棵树的树桩后，指着一个树桩说："对，是这棵，这个树根下埋着装金币的壶，绝对没错。"

后来汉斯果然在这棵树根下挖到了一个装满金币的古陶壶。

那么，修利曼是依据什么作出判断的呢?

科学揭秘

九棵树锯断后，修利曼比较每棵树的年轮，从而推断出金币是埋在哪棵树下的。

树干的年轮每长一年就多一个圈。生长在阳光充足、土质肥沃地方的树，发育好，年轮也大；反之，在日照很差、土地贫瘠的地方，树木生长缓慢，因此年轮也小。20年前，汉斯的祖父埋下壶后，把阳光充足的外院的树移栽到土地贫瘠光照差的内院，因此，那棵树20年前和20年后的年轮会发生微妙的变化。20年前的年轮间隔大，20年后的年轮间隔要小。修利曼发现年轮的细微差别，知道了哪棵树下埋着金币。

知识链接

为什么从年轮上可看出树木的年龄

年轮，是树木茎干每年形成的圆圈。在树木茎干的韧皮部内侧，有一圈细胞生长特别活跃，分裂也极快，能够形成新的木材和韧皮组织，这圈细胞被称为形成层。可以说，树干的增粗全靠它的力量。春天到夏天，形成层的细胞分裂较快，生长迅速；到了秋天，形成层细胞的活动逐渐减弱，生长缓慢。这样，就在树干中留下了一个圆形的生长圈。这样一来，我们就可以从这些年轮上大致看出这树的年龄来了。

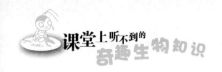
24.开着花的半支莲

夏日的一天晌午过后，在村了的河堤草丛中发现 具年轻的女尸。身旁丢着手提包和一个汽水瓶。发现死尸的是来这里干活的一位村民。

警察查看了尸体后，发现尸体下压着长在河堤上的开着红色和黄色小花的半支莲，但花已被压坏了。

"死后过了十五六个小时了。现在是下午3点，所以死者大概是昨晚11点或12点左右在这儿服毒自杀的。"警察说道。

另一名警察说："即便自杀的，也不是在这儿死的。我认为她本是被别人所害在别处，然后在今天早晨太阳出来之后，那人怕尸体给自己带来麻烦而搬到这儿扔掉的。"

警察又没在现场，他怎么知道当时的情境的？他的依据是什么呢？

科学揭秘

半支莲开着花被压在尸体下。半支莲是白天花，半夜凋谢的。所以，如果是这个女的真是昨晚在此河堤上自杀的话，那么压在她身下半支莲的花就应是凋谢着的。

植物大多在白天开花，因为大多数植物都是依靠白天活动的昆虫传粉繁殖后代的。所以，在白天里，花开香飘，迎候使者。当然,植物也有晚上开花的，如夜来香、茉莉花、待宵草、烟草花、仙人掌等。

眼界大开

夜来香为什么晚上才开花

植物多以白天开花居多，散发出香气。夜来香却不是这样，只有到了夜间，才散发出香气来，这是为什么呢？原来，夜来香是靠夜间发现的飞蛾传粉的，在黑夜里，花开后，它凭着它散发出来的强烈香气，引诱长翅膀的"客人"前来拜访，为它传送花粉。夜来香的这种特征，也是经过世世代代，很久很久才渐渐形成的。

一天，纽约一家大名鼎鼎的珠宝公司的三个合股人约翰·德默特、保尔·霍克和李·洛克乘上飞机，飞往弗里罗里达，打算在德默特的海边别墅度假。

第二天下午，海上风平浪静。洛克是位鸟类爱好者，他自愿留在了岸上哪也不去。于是德默特带着不熟悉水性的霍克，乘上自己那艘40英尺（1英寸≈0.3048米）长的游艇出海钓鱼。

意外发生了，霍克栽入海中身亡。验尸报告证明霍克死于溺水。到了法庭，德默特的辩解跟洛克的证词发生了矛盾。

洛克回忆："我那天坐在别墅后院乘凉，发现一只很少见的橘红色小鸟飞过。我来了劲，跟踪小鸟来到前院，举起望远镜观看那只鸟在高大的棕榈树上筑巢。当时，我的望远镜无意中对准了海面。哪知，正看见德默特跟霍克在游艇上扭打成一团。我在望远镜中看得清清楚楚，德默特把霍克推到游艇边上，将他的头按入水中。"

德默特马上大声分辩："霍克在船舷探出身子钓鱼，正巧突起大风掀起巨浪，小艇摇摆起来，他失去重心落入海中。等我把他捞起来时霍克已经淹死了。很多人都知道霍克是'旱鸭子'。洛克这么做，是想加害于我。"法庭一时陷入了僵局。

不过请你认真思索一下，究竟是谁在说谎呢？

是洛克在说谎。

棕榈树没有枝杈，只有一柄宽大的叶子，如果鸟儿在上筑巢易被发现，所以鸟儿从不在棕榈树上筑巢。洛克不可能像他讲的那样看见鸟儿在棕榈树上筑巢。洛克在说谎。他虽然是较有经验的鸟类爱好者，但他的热带植物知识不行，所以这谎话出现了漏洞。

棕榈树一般可高达10米，叶簇生于茎顶，掌状裂深达中下部。成年的棕榈树可耐受得住-7.1℃的低温，在温暖、湿润的气候条件下生长良好。棕榈树生长缓慢，1~2年生苗，仅生披针状叶2~3片，多至4~5片，三年生苗普遍开始生长掌状叶，并开始长棕。8~10年以后生长加快，高1.2~1.5米或更高，始有花果，可开始剥棕。

眼界大开

笑树

非洲东部卢旺达的首都基加利，有个芝密达兰哈德植物园，园里有一种会发出"哈！哈！"笑的树。初到植物园的人往往被这笑声所戏弄，他们大都对此迷惑不解，听到"哈！哈！"笑声却看不到发出声的人。原来，笑声是一种树发出来的，当地人称这种树为笑树，笑树是一种小乔木，能长到七八米高，树干深褐色，叶子椭圆形。每个枝杈间长有一个皮果，形状像铃铛。皮果内生有许多小滚珠似的皮蕊，能在果皮里滚动。皮果的壳上长了许多斑点般的小孔，每当微风吹来，皮蕊在里面滚动，就会发出"哈！哈！"的声响，很像人的笑声。

26.不怕扒皮的树

　　人们常说："人怕打脸，树怕扒皮"。虽然在世界上不怕打脸的人不曾听说有过，但不怕扒皮的树倒确确实实存在。

　　树皮可是个大家族，有多少种树就有多少样的树皮。树皮有的光滑，有的粗糙；有的薄，有的厚，有红色的，也有白色的……真可谓形形色色，千奇百怪。树皮有长在树外面的那层表皮，有长在外表皮和木质中间的韧皮。外表皮像忠诚的卫士，终日顶风冒雨，遮挡烈日霜雪，护卫着树的全身，保证树体内韧皮部上下运输线的畅通无阻。

　　但树皮一旦遭到破坏，这条运输线就会受阻，以致根部无法把水分、养分输送到树木的各处，树上的树叶得不到水分就无法进行光合作用，也就会慢慢枯萎。可见，树怕扒皮的说法是很有道理的。

　　然而，树中也有不怕扒皮的"硬汉子"。栓皮栎树就是这样的一个"硬汉子"。栓皮栎树寿命一般在100～150年，在它的这一生中，虽然要经过几次扒皮，却不会"伤筋动骨"，而且仍然会生命不息，健壮地成长。

　　这是怎么回事呢？其实这主要在于栓皮栎树的皮下长有一层栓皮的"形成层"，它可以分生出少量活细胞，称为"栓内层"，栓内层向外侧分生出大量的栓皮细胞，这些栓皮细胞被称为"软木"。随着树木的生长，栓皮也逐年加厚，5～6年就可以扒1次皮。但在扒皮时要注意留下有生命的栓皮"形成层"，只要它不受伤害，就仍然可以照常向树的上部输送水分和营养，栓皮栎树也就能死里逃生了。

科学家们对树木"形成层"的研究，正在应用于对黄柏、杜仲、厚朴等制作中药材的树木的取皮上，从而告别了过去那种"杀鸡取卵"、"砍树取药"的笨办法。如果这方面的研究能应用于更多的树种，人们的生活中将会有更加丰富的树皮制品。

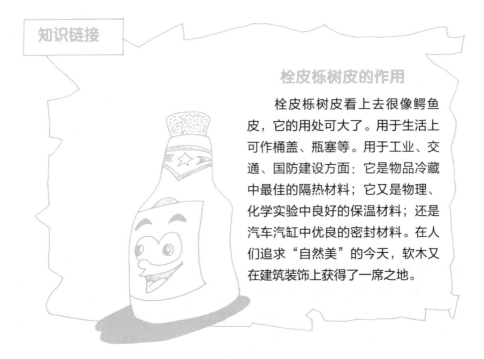

知识链接

栓皮栎树皮的作用

栓皮栎树皮看上去很像鳄鱼皮，它的用处可大了。用于生活上可作桶盖、瓶塞等。用于工业、交通、国防建设方面：它是物品冷藏中最佳的隔热材料；它又是物理、化学实验中良好的保温材料；还是汽车汽缸中优良的密封材料。在人们追求"自然美"的今天，软木又在建筑装饰上获得了一席之地。

27.植物的感情

植物作为一种生命存活于地球上，那么，它们有没有感情呢？

一旦危险降临，大树会把树丫折回，灌木会蜷缩，花朵会合拢花瓣，野花会用叶子向同伴发出信号。以前，人们只把这些现象看成是植物的本能，一种对外部刺激的无条件反射。可是，经研究发现，植物的这些反应，其实并非人们之前认识的那样。有人提出，植物也有感情，有喜怒哀乐，有心理活动，有独特的"语言"等。

这些观点提出以后，植物学界掀起了探索植物心理活动的浪潮。有人甚至提议设立"植物心理学"学科，专门研究植物的"类人"活动。这一研究的发起人是美国中央情报局的测谎专家克里夫·巴克斯特。

一天早晨，巴克斯特给房间里的花浇水时，脑子里突然闪出一个奇特的想法。他放下水壶，找来测谎仪，把电极绑在花的叶片上，想看看会不会有什么情况发生。他打开测谎仪，惊奇地发现，当水分从花的根部徐徐上升时，显示仪上出现了急剧跳跃的曲线。

巴克斯特激动不已，两眼紧紧地盯着显示仪屏。他渐渐看出，这种曲线形成的图形，竟然与人类心情激动

时在屏上显示的曲线很相似。难道植物也会有感情吗?

为了寻求答案，他设计出了一台特殊的记录测量仪。这台仪器能以十分之一秒的精确度记录实验结果。他将测量仪与植物连在一起，然后划着了一根火柴。当他手持火柴走近植物时，记录仪的指针发生了剧烈摆动，画出的曲线甚至超出了记录纸的边缘。

看到这种现象，他更加激动和兴奋。他认为，植物也与人一样，当遇到危险时，会产生恐惧心理。

最初几次实验，他都没有直接灼烧植物。植物仿佛渐渐感觉到，这不过仅仅是一种威胁，便再也没有恐惧的反应了。为了进一步证实自己的推论，几个星期之后，巴克斯特又进行了一系列实验，获得了许多宝贵的资料。根据实验结果，巴克斯特提出了一个惊人的观点：植物也有感情。

巴克斯特的观点在科学界引起了轰动。许多科学家纷纷加入了对这个问题进行研究的洪流之中。

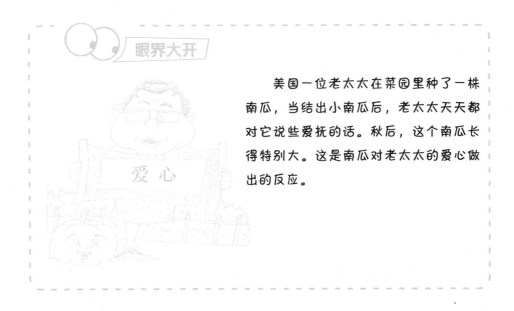

眼界大开

爱心

美国一位老太太在菜园里种了一株南瓜，当结出小南瓜后，老太太天天都对它说些爱抚的话。秋后，这个南瓜长得特别大。这是南瓜对老太太的爱心做出的反应。

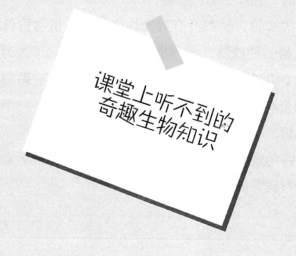

课堂上听不到的
奇趣生物知识

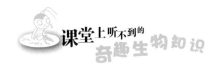

1.你从哪儿来

宁宁很想知道自己是怎么来到这个世界上的，她问妈妈。妈妈笑着说："你是从河边捡来的。"宁宁当然不信。于是他又去找老师。老师笑了笑，告诉宁宁，他不是从河边捡来的，而是妈妈的卵子和爸爸的精子相结合的产物，而且我们来到这个世上要经历千辛万苦的一段旅程。

爸爸的身体一般一次可以排出3～5亿个精子，但是在这些精子当中，最终可以同妈妈的卵子相结合的精子只有一个。

当精子寻找卵子时，要经过一个漫长而艰难的过程。首先有大部分的精子被妈妈体内分泌的酸性物质所杀死，只有安全通过这一关的精才能够进入到子宫当中，但进入了子宫后，精子又被守护子宫的卫士——白细胞大量捕杀。

即使逃过了白细胞的捕杀，精子们还要通过叫做"输卵管"的管道，这样，才能在千辛万苦之后到达卵子的住所。这时候，精子最多也就只有100～200个了。

接下来，精子们为了穿透卵子的细胞膜，全都紧贴着卵子，但是卵子

的细胞膜相当厚，最终能进入的精子也只有一个。

　　即使有再多的精子围绕在卵子周围，可一旦那个"幸运儿"成功进入了卵子，其他的精子都要吃"闭门羹"，而且绝对无法再敲开卵子的大门了。所以到最后，最初的那3亿～5亿个精子中，只有一个精子能与卵子结合形成受精卵，其余的就全部死掉了。

　　就这样，唯一的一颗受精卵就将造就日后世上独一无二的我们，所以我们每一个来到这个世界上的人都是一名佼佼者。

知识链接

我们的性别是由什么决定的

　　我们的性别与染色体有关。人类有46个染色体。其中有44个是男女都一样的常染色体，但其余的2个是性染色体。其中一个是X染色体，另一个是Y染色体，如果一个人的2个染色体都是X，则为女性；如果一个是X染色体，另一个是Y染色体，则成为男性。卵子中只有X染色体，而精子却有X或Y染色体。当精子和卵子结合时，如果Y染色体的精子与卵子结合，则是男孩；如果X染色体的精子和卵子结合，就会形成女孩。

2.变色的袜子

1794年的一天，28岁的英国原子理论科学家道尔顿，为了给母亲祝寿，特意到百货商店，想买一件礼物。

道尔顿挑选了一双深蓝色的高级丝袜。

"妈妈，这双袜子您穿上一定非常漂亮！"道尔顿一回到家，就恭恭敬敬地捧出袜子，送给母亲。

"傻孩子，这袜子的颜色这么鲜艳，我年纪大了，怎么穿得出去呢？"老太太端详了一下精致讲究的袜子，微笑着说。

此时，道尔顿的哥哥走了进来。

"哥哥，这双深蓝色的袜子妈妈穿起来该有多好看啊！"道尔顿说。

"嗯，不错，妈妈这般年龄穿起来很合适！"

老太太大笑起来说："孩子，这是红色的袜子，红得像樱桃，你们怎么都说是深蓝色的呢？"

邻居的一个老太，听到笑声也赶了过来，她一看袜子也笑着说："这哪是深蓝色的呀，是红色的嘛！"

作为科学家的道尔顿，听隔壁老太这么一说，心里不禁产生了疑团，这究竟是怎么回事呢？

道尔顿在心里暗暗发誓：一定要弄个水落石出。

经过一段时间的潜心研究，他终于得出结论：他和哥哥都患有一种眼睛疾病——色盲症。随后，他写出了第一篇关于色盲症的论文——《论色盲病》。后来，他又写了一篇题目为《各种颜色呈现程度的反常》的文章，阐述了自己的看法。遗憾的是，他还没来得及看见自己的研究成果被人们所承认，就离开了人世。

直到1875年，道尔顿的观点在瑞士的一次火车相撞事故中得到了证明。道尔顿的色盲说才被世界所公认。

英国人为了纪念道尔顿，把色盲症称为“道尔顿症”。

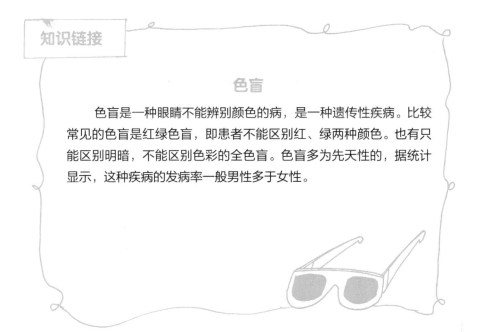

知识链接

色盲

色盲是一种眼睛不能辨别颜色的病，是一种遗传性疾病。比较常见的色盲是红绿色盲，即患者不能区别红、绿两种颜色。也有只能区别明暗，不能区别色彩的全色盲。色盲多为先天性的，据统计显示，这种疾病的发病率一般男性多于女性。

3.痰是从哪儿来的

小明清晨起床后就吐出一口痰来，他很奇怪，这痰是从什么地方来的呢？

其实，在我们的很多器官当中有许多的士兵和清洁工。虽然鼻腔当中的鼻毛可以阻挡灰尘的进入，鼻涕也可以杀死一部分细菌，但毕竟还是有一部分幸免于难的细菌和灰尘通过了鼻腔这一道防线。

然后这部分细菌又随着气流往身体里面进入，当它们到达气管时，气管壁上有一层黏黏的液体，这些像胶水一样的液体会把进来的细菌全部抓住，并分泌出一种叫做"溶菌酶"的物质，把它们一网打尽。

气管当中还有许多清洁卫士，就像上面所说，我们吸入体内的不只有空气，还有许多灰尘，清洁卫士就是负责清理这些没有被鼻毛挡在外面的灰尘的，它们为了气管的清洁勤奋地工作，据说平均下来，它们每分钟

要运动二百多次呢。

清理出来的这些垃圾该如何处理呢?

在日常生活中我们都知道把垃圾收集起来扔掉。而在我们的气管内,收集这些垃圾的重任就落到了"痰"的身上。痰所做的工作就是把清理出来的灰尘和被杀死的细菌汇合到一起。所以在空气不太好的地方,我们就会感到喉咙里的痰很多。

知识链接

唾液也是我们身体的卫士

我们的唾液是一种无色无味的液体,里面含有淀粉酶,能把淀粉消化成麦芽糖。此外,它还含有一种叫做"溶菌酶"的物质,大部分细菌遇到溶菌酶都会被很快杀死。所以有的人在受到小伤时,会把唾液涂在伤口,以保护伤口不被感染。另外,唾液中还含有生长因子,能促进伤口愈合并减轻疼痛。

4.不能没有眼泪

小兵这几天总觉得眼睛很不舒服，像有沙子在里面似的，老爱流眼泪。他去医院检查，医生翻开小兵的眼睑看了看说："你的眼结膜发炎了，开点眼药水滴到眼睛里，不久就会好的。"

"我的眼睛为什么会发炎呢？"小兵问。

"这是你不注意用眼卫生引起的。"医生笑着说。

"我眼睛发炎为什么会流眼泪呢？"小兵又问。

"看来你的卫生知识很差。"医生一笑说。接着，医生就从人为什么会眨眼说起，为小兵答疑解惑。

人眨眼睛是为了把泪腺分泌出来的泪水均匀地涂在眼球的表面，以保持眼球的湿润。另外，泪水并不是只有哭泣的时候才会流出来的，一般情况下我们的眼中也存在少量的泪水，有了泪水的润滑，眼球的转动才会更加自如。万一眼泪没了，眼睛就会干枯，眼球的转动也会很吃力。

泪水还有一个重要的作用，就是洗去眼中的灰尘，并杀死进入到眼睛中的细菌。正是为了把这么重要的泪水均匀地涂在眼球表面，眼睛才总是会不停地眨呀眨的。

当然，我们眼睛平时的清洁都是泪水来做的，所以，平时我们的眼睛大可不必用水来清洗，否则，弄不好会诱发眼病或损伤眼球，眼睛一定要小心保养，随便触摸或揉搓都是不可以的！

知识链接

近视眼是怎么形成的

近视是因为我们看书、写字时姿势不正确，或长时间近距离看电视、打游戏机、玩电脑或家族遗传等原因导致的，造成了眼球前后径拉长，致使物体不能倒映在视网膜上形成清晰的影像，所以近视的人会感觉远处的物体很模糊。

而远视则是眼球的前后径过短，致使影像落在视网膜之后，或者是先天因素导致角膜、晶状体的弯曲度变小等原因引起的。这种情况下，常常是看不清楚近处的物体。

5.一屁值千金

对于常人而言，胃肠道内的气体随着胃肠的蠕动向下运行，最后自肛门排出，称之为放屁。

屁的产生，是因为我们体内存在着大量的细菌，比如大肠杆菌等，这些菌类分解纤维和糖类时就会排气，这些气体在体内累积，形成一股气压，当压力太大时，就会被排挤出体外，形成屁。

屁对健康是无害的。在肠粘连、肠扭转、肠套叠、肠内蛔虫团等引起肠梗阻，或腹腔内脏器官发生穿孔、炎症及人体缺钾和酸中毒等导致肠麻痹时，病人就会出现腹痛、腹胀、呕吐和不能放屁的现象。所以，在医学上有"一屁值千金"之说。

医生在诊治患有急性腹痛的病人时，在询问病情时，总是要问一下病人是否放屁，以此来诊断病人有无肠梗阻或腹腔内的疾病。在观察治疗肠梗阻的病人时，医生同样以是否放屁作为判断病人是否已经解除肠梗阻的根据之一。

而具有普遍意义的是在病人腹部手术后，医生往往通过病人是否放屁来判断

其肠道是否通畅。病人在术后一至两天内因麻醉药的作用是不能放屁的，病人在腹部手术后如正常放屁了，说明其肠蠕动已恢复正常，可以拔除胃肠减压管并开始进食了。

人放屁是正常的现象，不能憋着，憋屁是对身体有害的。所以有屁就要放，这对健康是有好处的。如果你怕影响别人，可以离人远一点再放。

知识链接

揭开屁的面纱

屁是身体排放的废气，大部分是二氧化碳、氢气和甲烷。过去有一种普遍的认识：屁的臭味是甲烷释放出来的。其实，甲烷本身并不臭。后来人们经过研究发现，产生臭味的"罪魁"是吲哚、粪臭素、硫化氢等恶臭气体。

一个屁的多少与人们的饮食有关。有些人爱吃含有可产生大量氢和二氧化碳、硫化氢等气体的食物，比如洋葱、生姜、生蒜、薯类、甜食、豆类和面食等，食后往往会废气增多，放屁不断。

6.一场婚姻悲剧

达尔文是19世纪伟大的生物学家，也是进化论的奠基人。然而他在没有掌握生物界的奥秘以前，自己却先受到了自然规律的惩罚。

1839年1月，30岁的达尔文与表妹爱玛结婚。但是，谁也没有料到，他们的10个孩子中竟有3个夭亡，其余的7个或终身不育或患精神疾病。这让达尔文百思不得其解，因为他与爱玛都是健康人，生理上也没有什么缺陷，精神也非常正常，为什么生下的孩子却会如此呢？

直到达尔文晚年的时候，在研究植物的生物进化过程中发现，异花授粉的个体比自花授粉的个体结实，而且异花授粉后长成的植物又多又大，而自花授粉后长成的植物不仅又少又小，而且也很容易被大自然淘汰。直到这时，达尔文才恍然大悟：自己婚姻的悲剧在于近亲结婚。后来他把这个深刻的教训写进了自己的论文里。

教训是如此的深刻而惨痛，那么为什么近亲结婚会使后代患各种各样疾病的可能性增加呢？

科学揭秘

原来，人体的生殖细胞，即男性的精子和女性的卵细胞，都有23条染色体，上面有大量"基因"。基因上面携带着生命遗传的"密码"。据估计，在这些基因中，总会有五六个隐藏着遗传病的基因。只要不是近亲婚姻，男女双方的致病基因就难以相遇。但在近亲婚姻中，就有更多的机会使它们"对面相逢"。所以，近亲结婚才会酿造出无情的悲剧。

知识链接

人类的遗传通过什么实现

人类能一代一代地遗传下去，其实主要作用是生殖细胞——精子和卵子的作用。一个孩子获得父母的哪些基因，是在生殖细胞形成以及受精这两个时刻决定的。生殖细胞分裂成精子或卵子时，一个染色体的基因就可能与另一个染色体的基因更换了位置。这种变化使精子和卵子形成了新的基因组合，也就形成了新的生命。

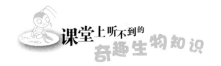

7.人体的司令官

我们人类没有雄狮猛虎般的尖牙利爪，如果我们和老虎狮子硬碰硬地搏斗，失败的往往总是我们。

我们人类没有鸟儿那双能翱翔蓝天的翅膀，要像小鸟一样地飞翔是不可能的。

但是，我们人类却可以统治百兽，可以比鸟儿飞得高，飞得远，我们可以飞离地球，飞到其他星球上去。这是因为我们有一个强大的大脑。

脑的工作是记忆我们看到、听到过的东西，同时进行不断地思考。正因为有了思考，我们才变得强大。

大脑还支配着我们的全身，它是人体的司令官，发出各种指令。

在没有接到大脑命令以前，我们的身体是不会做出任何动作的。大脑调节了我们身体所有的机能，没有脑的身体将会是无法想象的。

人脑一般可被分成三个部分，即大脑、小脑和脑干。

大脑位于脑的最上端，它控制和管理下面各级中枢，同时还指挥着像说话、写字、发明、创造等人类特有的活动。大脑对人体的管理，是一种交叉倒置的关系。即左半

大脑支配右半身的运动，右半大脑控制左半身的运动；大脑的上部管理人体下半身，而下半个大脑又正好相反。所以一个习惯于用右手的人，他的左半大脑较为发达。

在大脑的后下方，有一个凸起的结构，叫做小脑。小脑接受前庭器官传来的关于身体平衡和位置的信息，指挥有关肌肉做相应的调整，使身体在加速运动和旋转时保持身体的平衡。如果小脑受伤，人的随意运动就会变得不准确、不协调，不能完成精细动作，走路也会歪斜易倒，肌肉僵直紧张，闭眼直立站不稳等。

大脑以下，脊髓以上的部分叫脑干。它由中脑、脑桥和延髓三部分构成。许多基本生命活动的反射调节，都在脑干中完成。尤其是调节心跳、呼吸的中枢，位于延髓部分，所以延髓又被叫做生命中枢。

大脑相当于我们身体的"司令官"，也是给身体各部分下达命令的场所。因为有了大脑，我们的世界才会与众不同。

眼界大开 **天才按钮**

世界上总有一些人在某一方面特别聪明，而这些天才的数量是极少的。但美国加利福尼大学的布鲁斯·米勒博士却成功地发现人类大脑内有"天才按钮"。据说，人的大脑有个特别区域，它被一些神经所压迫，只要使被压迫的区域释放出来，人的某个创造才能就会实现充分的发挥，从而使该人成为天才。

8.骨骼的争论

清晨，头骨就在那儿念叨着："如果没有我头骨的保护，哪怕是轻微的撞击，都会使脑受伤，这样一来，恐怕这人早就成废人了。所以我的功劳最大。"

听头骨这么一说，肋骨不高兴了，它阴沉着脸大声说："是我们肋骨把心脏、肺脏等包围起来，严加看管。如果没有我们肋骨，这人走路时哪怕是和别人轻轻地撞到一起，也会把我们的心脏撞坏或者把肺脏撞扁，最终这人也会因为无法呼吸，血液流动受阻而死去。还是我们的功劳大。"

肋骨刚说完，那边的脊柱骨也开口了："要说功劳，也不能小瞧了我，没有我们脊柱骨，人体还怎么能够弯腰捡地上的东西、左右转动，人体的大部分重量就靠我们支撑着。再说了，我们脊柱像个安全套、保护着生命的中枢——脊髓和神经。如果脊神经断了，就像电厂线路断了一样，大脑的命令就传不到肢体，人也就瘫痪了。"

脊柱骨说完后，其他的骨骼也争先恐后地说起自己的功劳来，吵得一团糟。

大脑实在听不下去了，说道："你们别吵了！其实你们的功劳都很大，正是有了你们，人才能存活。正是因为你们的保护，人的各器官才能正常运转，人才能健康地生活！骨骼们听大脑这么一说，脸上都露出骄傲的微笑。

知识链接

骨头有时也会折断，可不必担心，因为骨折之后，骨骼具有一定的自我修复能力，只要把折断的骨头按原来的位置固定好，折断的位置就会产生新的骨细胞，从而折断的骨头也就被重新连接起来了。

眼界大开

骨骼也要锻炼

骨骼也是要经常锻炼的，否则它们就会变得很脆弱，容易折断或破碎，骨骼中的钙也就会溶解到血液中，随尿液排出体外，从而影响它们的成长。为什么宇航员在太空中也要坚持在狭小的太空舱内做运动呢？就是为了防止骨骼因缺乏锻炼而变得脆弱。如果不做运动，等到他们重返地球走下航天飞机时，就有可能因为无法承受身体的重量而折断。

9.天然外衣——皮肤

上课后，老师首先问了一个既简单又复杂的问题："皮肤有什么作用？"同学们眨了眨眼睛，竟然没有回答出来。于是，老师就给同学们讲解道：

人体的皮肤是人体自我保护的第一道防线，是人体理想的外衣。皮肤肩负着整个机体的防御重任。它就像万里长城，建立起一道道防线；还像星罗棋布的兵站，到处布岗设哨。它有很多兵种，具有各种各样的武器，不停地与入侵之敌进行着顽强的战斗。

病菌侵入人体，遇到的第一道防线就是皮肤和黏膜。它们像一堵围墙一样，首先把入侵者挡于国门之外，并摆开辽阔的战场，与之格斗。

先过我这关！

按皮肤的结构和兵种不同，皮肤可分为三道防线。最外面的一道防线叫做表皮，由形态不同的多层细胞组成，是御敌的最外屏障。

第二道防线叫做真皮，一般由两层细胞组成。真皮层中有多种纤维组织、淋巴管、神经末梢及毛囊、汗腺、皮肤、皮脂腺和丰富的血管等。当皮肤损伤到达真皮层时，就会有疼痛感，同时出血；损伤愈合后，还会出现疤痕。

第三道防线是皮下组织，多是脂肪层。人的胖、瘦与皮下脂肪有关，皮下脂肪多，人就显得胖一些，皮下脂肪少，就显得瘦。

人体皮肤里还有一种叫维生素D原的物质，它遇到紫外线后会生成维生素D。维生素D与人体利用钙质有关，少了它们，人通常会得佝偻病。

人体皮肤里的黑色素细胞经太阳照射后，就会变成黑色素。黑色素如同一条布帘把身体遮住，这样，皮肤就不怕紫外线的伤害了。

皮肤有散热的作用，当外界温度升高时，皮肤的血管就会扩张、冲血，血液所带的体热就能通过皮肤向空气散发。这时汗腺也大量分泌汗液，通过排汗带走体内多余的热量。当然，皮肤还有保暖的作用。

怎么样？我们的皮肤作用大吧！

知识链接

面色与疾病

皮肤的色泽有助于我们了解疾病，并及时给予治疗。如面红，常见于发烧的病症，高血压病人面部也常发红；面色发黄最多见的是黄疸病；面黑则是慢性病的特征，慢性肾功能不全、慢性心肺功能不全、肝硬化、肝癌等疾病患者，都会出现面色变黑。

10.人体生命之泵——心脏

可可生病住进了医院，他发现医生每天都拿着那个叫"听诊器"的东西放在自己的胸前听。一次医生又来给他看病，他请医生让自己也听一下，医生笑了，真的把听诊器的听筒端放在了可可的耳朵上。

"扑通，扑通"。可可听到了一种声音，"那是什么，是我的心脏在跳动吗？"

医生笑了，说："这当然是你的心脏跳动的声音了。"

"心脏有什么用呢？"可可好奇地问。

医生一笑说："心脏可有用了。心脏是人体生命之泵，它有规律地跳动着，伴人终生，直到生命最后一息方才罢休。心脏是人体血液流动的动力泵，源源不断地把血液泵出心脏，输送到人体每一个角落。心脏位于人体胸腔的左上方，大小与自己的拳头差不多。形状似倒置的圆锥体，心脏纵轴自右上方向左前方倾斜，和我们写字时握笔的方向差不多。

"心脏要一刻不停地推动血液流遍全身，让身上的所有细胞

'吃饱喝足'。还要把有害的废物及时运走，这是一项十分繁重的任务。

"一个健康的成年人，每分钟心跳72次，每次输送70毫升血液，这样，一天就输送700多万毫升，约7000公斤的血液。一个60岁老人的心脏，在以往岁月中所通过的血液总量大约有17.5万吨。这些血液可以注满一个长1000米，宽70米，深2.5米的湖泊。

"如果把心脏一天的工作量加在一起的话，一颗小小心脏的力气可以把一辆小汽车拉到20米的高处。如果把一颗心脏一生的工作量加在一起，据说就能把一个重30吨的物体运到世界最高的喜马拉雅山上。"

可可听了医生耐心形象的讲解后，瞪大了眼睛，并表示一定要好好爱护自己的心脏！

知识链接

心脏也要锻炼

优秀运动员心跳一次能输送大量的血液，足够平时需要，当运动员走上赛场进行比赛时，由于运动加剧，他的心跳也会加快，其心跳输送的血液量猛增，往往在刹那间便创造出惊人的纪录。而不常参加锻炼的人，稍做运动心跳也会加快，但这种心跳加快，其心跳输送的血液量并不增加，甚至会减少，所以不常参加锻炼的人在这时就会心慌气喘，体力不能支撑了。

由此可见，心脏的功能也应得到锻炼和保护，所以我们平时要多参加体育锻炼，使我们的肌体更加健康。

11.气体交换的场所——肺

晚上，雷雷的妈妈端着晚餐对雷雷说："你看，这是妈妈给你做的木耳炒肉片，多吃点，润肺。"

"润肺？为什么要润肺？"雷雷不解地问妈妈。

妈妈告诉雷雷说，肺可是我们人体呼吸的大功臣，人体所需要的氧气，就是在这儿进行交换的。

当空气从我们的鼻孔进入鼻腔后，鼻腔里的鼻毛阻挡住空气中的灰尘，初步净化后的空气通过咽喉进入气管。气管上有许多的纤毛，这些纤毛在不停地摆动，把空气中剩余的灰尘颗粒"扫"出去，干净的空气就通过支气管进入肺。

肺中的支气管反复分支成无数的细支气管，它们的末端膨大成囊，囊的四周有许多突起的小囊泡，这些小囊泡就是肺泡，吸进来的氧气就保存在肺泡中。当血液流经肺脏后，肺泡就把氧气给红细胞，让它把氧气带到身体各处的组织细胞。

一个人的肺泡，有的达到七亿之多。你别看它在胸腔内占的面积不大，可如果把全部

肺泡展开，其面积可达70～100平方米，其中有55～80平方米有呼吸功能，它的面积比人体全身面积大40～50倍。

如果人体组织缺氧的话，就会死亡，所以说肺是大功臣，又是身体与外界联系的通道。既然是这样，我们当然要好好保护它了。而且大量的研究也表明，有很多病菌都会顺着呼吸系统进入人体，对肺乃至整个身体都会造成伤害。

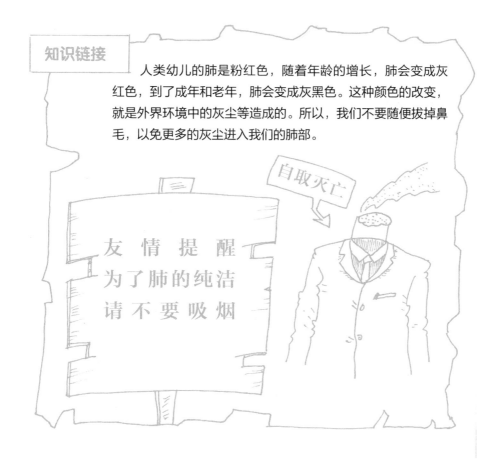

知识链接

人类幼儿的肺是粉红色，随着年龄的增长，肺会变成灰红色，到了成年和老年，肺会变成灰黑色。这种颜色的改变，就是外界环境中的灰尘等造成的。所以，我们不要随便拔掉鼻毛，以免更多的灰尘进入我们的肺部。

自取灭亡

友情提醒
为了肺的纯洁
请不要吸烟

12.人体的化工厂——肝脏

星期天，红红跑到爸爸的书房问："爸爸，我们身体内有那么多的内脏器官，有没有化工厂呢？"

爸爸想了想说："那就是肝脏了。"

"肝脏？"

"在人体中，肝脏的个头最大，重量最重，是人体的'化工厂'。"

爸爸告诉红红，肝脏是人体中最大的消化腺，是一个非常重要的"化工厂"，人体必需的许多重要营养物质，都是来自这个"工厂"的加工。

肝脏位于腹腔右上方，被人体右侧肋骨保护着。肝脏主要由肝细胞组成。人的肝脏有上亿个细胞，每个肝细胞只有18～20微米。

人们常以为胆汁是由胆囊产生的，其实不然，胆囊只是贮存胆汁，而制造胆汁却是肝脏的功劳。肝脏每天能分泌大约900毫升的胆汁。胆汁是黄绿色味苦的液体，含有胆盐的成分。胆汁能把油脂变成十分微小的油滴，分散在消化液中，以加速人体对油脂的消化和吸收。

肝脏不只分泌胆汁，还承担着人体内化学合成的任务，即代谢作用。

肝脏这个"化工厂"制造了我们人体所必需的葡萄糖。肝中储存着葡萄糖，并在适当的时候把它释放到血液中。如果肝中葡萄糖的储存量不足，肝脏将把一种叫做"糖原"的物质转化为葡萄糖，并释放到血液中。

除了把肝糖原转化成葡萄糖，肝脏还能把多余的葡萄糖转化成糖原，加以储存，此外，肝脏还负责把蛋白质分解成氨基酸并根据身体各器官的需要，将氨基酸重组成所需蛋白质。

肝脏还负责消除我们身体当中的毒素。在肝脏分解蛋白质的过程中会产生一种有毒物质——氨，氨在肝脏中经过复杂的处理，能被转化成尿素，以尿液的形式被排出体外。

肝脏是一座极难修复的"化工厂"，其原因就在于它的功能太复杂，所以，你要珍惜肝脏，好好地保护它。

知识链接

保护肝脏

我们生病时吃的药是在肝脏中分解的；成年人喝酒时，其酒中所含的有害物质也是通过肝脏来分解掉的。过量的饮酒对肝脏是极大的损害。如果肝脏受损，那么这些有害物质就不能被分解掉，从而直接留在我们体内，这对身体健康的危害非常大，所以我们要爱护我们的肝脏。

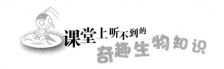

13.人体内的石头

世界上的石头五花八门：有美丽的玛瑙、翡翠、水晶，有价格昂贵的金刚石、田黄石，还有筑路建房用的砂砾、碎石。然而，在许多人的体内也存在着各种各样的石头，这些在人体内的石头对于人来说，是对人体有害而无益的。

人体内的石头在医学上称为结石，那么，这些结石是从哪儿来的呢？又会生长在人体的什么部位呢？

胆囊和胆管是人体内容易长石头的地方。湖北江陵凤凰山中出土的西汉男尸和马王堆女尸中就有胆道结石，可见，早在2000多年以前，人类就受到了胆结石病的威胁了。

胆道结石的形状十分古怪，有的小如芝麻，有的大如鸡蛋。胆道结石的数量也多寡不一，有的只有一两颗，有的则多达几百粒。这些石头大多色彩艳丽，有的如闪光的宝石，有的似半透明的玛瑙。

胆道的石头是哪儿来的呢？我们知道，胆汁中除水以外，还

有胆色素、胆盐、胆固醇、脂肪酸卵磷脂等，正常情况下，胆汁中胆固醇之间维持着适当比例，当人们患胆囊炎病或有蛔虫卵时，人的体内就会分泌过多的胆固醇等，这样，过多的胆固醇等物质就会在胆道沉淀下来，并形成结石。

泌尿系统也是结石喜欢待的地方，人体泌尿系统包括肾脏、输尿管、膀胱和尿道。肾脏和膀胱"水域"宽阔，流速缓慢，结石大多在这里形成，称为肾结石和膀胱结石。

眼、鼻、喉、唾液腺里也会长石头，生长在眼睑结膜里的石头，叫眼结膜结石。鼻腔内的结石叫鼻石，往往是由鼻腔内的干性分泌或塞入鼻腔的异物形成的。咽喉里长出的结石叫喉石，这是由慢性咽喉炎的分泌物和呼吸时吸入的粉尘黏附滞留而成。

肺泡里边也会长石头。肺泡里的石头与患者吸烟和空气污染有关，有时候，患者一个个肺泡里布满了细砂似的结石，这会使肺硬化，影响正常的呼吸。

知识链接

钙盐结石中有相当大的成分是钙，故盲目补钙实在不可取，那些津津乐道于拿钙片当饭吃的人应当引以为戒。此外，咖啡、浓茶，特别是红茶，这些日常饮料，也与尿路结石生成有很大关系。因此，我们应在生活中多注意，任何食物、饮料都不能因为爱喝而放任自己，而要适量。

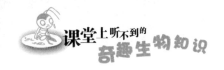

14.肌肉发动机

我们往往会听到别人说："某某的肌肉发达，真帅！"

有了肌肉不只是帅，要知道，肌肉像是人体的发动机，是人工作的动力，全身运动都靠它。人体全身有639块肌肉，占人体重量的40%。

根据肌肉组织的形状、分布及机能差异，可分为骨骼肌、平滑肌和心肌三种，它们在人体内部起着不同的作用。

骨骼肌主要附着在躯干和四肢的骨头上，受人的中枢神经系统指挥随意动作，所以称为自主性肌肉，又称随意肌。每块骨骼肌由很多纤维构成，外面包有筋膜、血管和神经通入其中，是人体最大的肌群。骨骼肌的收缩快而有力，但耐力较差，容易疲劳，所以，人们在剧烈运动后，非得歇会儿。

平滑肌分布在血管、消化管、胃、膀胱和子宫等器官的内壁。平滑肌的肌纤维排列成一层一层的。平滑肌的运动缓慢而又持久，好像一阵又一阵的波涛，但它不受人的意志的控制，比如肠胃的蠕动，不是我们想让它停，它就能停的。

心肌主要分布在心脏，是人体中最勤劳的肌肉。心肌纤维为长圆柱形，并有分支连接成网，也有横纹，互相连接的心肌纤维有间盘分隔成节段，每个节段就是一个心肌细胞。

肌肉运动的能源，归根结底是从食物中来的，人体内的营养物质合成肌蛋白，当肌蛋白分解时，释放出来的能量就成为肌纤维收缩的动力。

肌肉发动机的机械效率是其他动力机器无法比拟的。肌肉将食物的化学能转化为机械能，效率可在80%左右，而现代化的机器，能量转换率只有30%，大部分都浪费掉了。

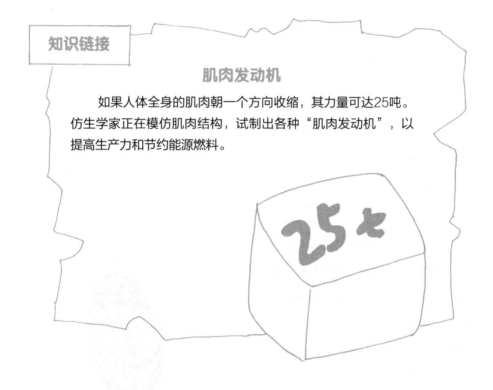

知识链接

肌肉发动机

如果人体全身的肌肉朝一个方向收缩，其力量可达25吨。仿生学家正在模仿肌肉结构，试制出各种"肌肉发动机"，以提高生产力和节约能源燃料。

15.人体内的核反应

美国科学家西博格，在他的著作中写道："在人类的身体里就可以找到衰变中的天然放射性元素。我们的身体平均每分钟要经历几十万次放射性裂变。"这就是说，在人体内也在悄悄地进行着核反应。这并非耸人听闻，而是活生生的事实，只是这些在我们体内的核反应我们感觉不到而已。

人体是一个复杂的机体，而在构成人体的元素中，有极少量的天然放射性元素。当它们发生裂变时，会产生各种粒子，并放出射线来。

那么，人体中的放射元素是从什么地方来的呢？

我们知道，在我们周围的空气中存在着氚、氢3、碳14等放射性元素，它们会随着我们的呼吸不断地进入人体。其次，在人类赖以生存的土壤中也含有铀、镭、钾40等放射性元素。这些元素会随着水流进江河湖泊中，因而我们的饮用水就含有微量的放射性元素。最重要的是，在植物中也含有这些放射性

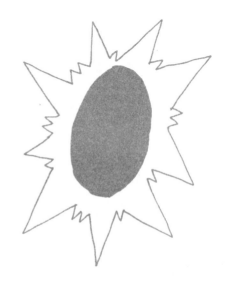

元素，于是，我们食用蔬菜，这些微量的放射性元素就进入了我们的身体。

此外，在动物体内也存在着这些放射性元素，它们会随着人们吞嚼肉类食物之时，长驱直入，进入人体。人体有排泄的功能，也会把这些放射性元素排出体外，当然，这种排泄是不完全的，所以体内还是残留了一些放射性元素。那么，这些残存在体内的放射性元素对人体有害吗?

其实，你大可不必担心，通常情况下，人体内的放射性元素是微乎其微的，所以不会对我们的健康造成什么危害。

不过，一旦这些放射性元素的含量超过了人体可承受的限度，那么情况就会完全不同了。

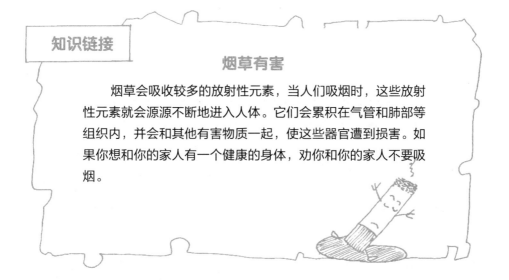

知识链接

烟草有害

烟草会吸收较多的放射性元素，当人们吸烟时，这些放射性元素就会源源不断地进入人体。它们会累积在气管和肺部等组织内，并会和其他有害物质一起，使这些器官遭到损害。如果你想和你的家人有一个健康的身体，劝你和你的家人不要吸烟。

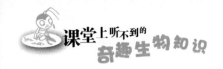

16.人体内的生物钟

当晚上，时钟的指针指向九点钟时，爸爸对果果说："你该睡觉了，你应该按照人体的生物钟来进行学习和休息。"

"人体有生物钟？"果果好奇地问。

爸爸告诉他，每一个人身上都有一个"钟"，就是人生命的时钟，人体的生物钟。

有人不用闹钟，早晨会按时醒来，前后相差不过几分钟，原来，这是人体生物钟在起作用。人体内的每种生理变化，几乎都会遵循一定的时间规律，人的脉动每分钟70～80次，而每天清晨3～5时最为平稳。

人的体温在清晨2～6时偏低，傍晚 5～6 点钟偏高。人的呼吸次数，在正常情况下，安静时每分钟约18次，一天之中白天呼吸的频率快一些，夜晚慢一些。人体的排尿量也是有规律变化的，白天的排尿量比夜间多，但也有相反的。

人体内肾上腺素的分泌、凝血时间，直肠的温度、眼内的压力、尿液的成分、血液的成分等，都有周期性变化，这都是生物钟在起作用。

人体的生物钟各不相

同，比如呼吸、心跳等是以分钟为周期的，这是"分钟"。睡眠和觉醒是以天为周期的，这就是"天钟"。女子成熟后每隔28天左右就要来一次月经，是以月为周期的，称为"月钟"。有些人在春天会流清鼻涕，夏天容易腹泻，秋天易得疾病，冬天会屈伸不利，这是以季度为周期的，称为"季钟"。人们在夏天身体会消瘦一些，而冬天又会胖一些，这是以一年为周期的，称为"年钟"。

说了这么多，那么人体的生物钟在哪里呢？能否拿来看一下呢？

哈哈，这个"钟"是看不见的，只能感受得到。科学家对动物实验推测观察，认为人体主要的生物钟，是由下丘脑、松果体、脑垂体和肾上腺等组成的。

生物钟的运行情况因人而异。所以，每个人都应了解自己，根据自己的生物钟安排生活、学习和工作，以便事半功倍。

知识链接

按时吃饭

保证自己体内生物钟的正常运行是十分重要的，你在适当的时候吃饭、休息、学习和工作，就能保持清醒的头脑，精力充沛。如果你生活没有规律，体内的生物钟就会被打乱，那么，你就会整天萎靡不振，工作效率低下。

有人不按时吃饭，这对身体的健康很不利。因为该吃饭的时候，人体吃饭的生物钟已启动，这时胃肠已经准备好消化液，胃部也已开始动作，准备迎接食物，而却没有食物进入，待到饭点已过的时候，如果你又进食，则胃肠会被突如其来的食物打个措手不及，匆忙工作，长此以往不按规律进食，我们的胃就该生病了。

17.可发电的人体能源

在对生物能源的开发利用方面，科学家们已能用生物工程技术将植物纤维转化为酒精燃料，还能利用生物体发电制成"生物电池"。科学家还发现，人体上也具有生物能源，而这种能源也是可以用来发电的。

法国的一家房地产公司在修建公寓时，别出心裁，在公寓入口的门廊处安装上履带式能量收集器，当人从上面走过时，它就将人走路时产生的能量收集起来，转换成电能以供夜间路灯照明用。

美国的一家超级商场则更现实，他们在商场入口处的转门下面安装了一套能量收集转换蓄电装置。顾客进进出出推动转门时发出的"力"（能量）全都被收集起来转化为电力，然后作为商场的电梯、电扇、照明用电的电源。

除了"力量"可以收集外，人体每天散发出的热量也可能被收集利用。科学家测算出，如果把一个人身上24小时内散发掉的热量收集起来，可以把相当于这个人体内的水从0℃加热到50℃。于是，一些科学家就开发起人体热能来。

美国一家电信电话公司建了一座办公大楼，有三千多公司员工在大楼里上班，而大楼每月向电力公司购买的用电量却比同等规模的办公大楼少得多。这是怎么回事呢？他们的秘密在哪里呢？

原来，大楼里的各个房间的墙壁内都有热能吸收转换装置，它能把大楼里三千多人身上散发的热量吸收起来，并迅速地转换成电能储入蓄电池，为计算机打字、办公照明、调节室温提供电力。

知识链接

人体生物电池

随着科技的不断进步与创新，一些科学家已经研制出了一种人体生物电池。医生把这种微型电池安放在人体内某个部位的血管附近，微型电池就可以利用血液的流动昼夜不停地发电，既可以为某些需要动力的内脏器官或人造器官提供动力，又丝毫不影响人体正常的生理活动。

18.人体的潜在能力

　　有一位飞行员因飞机故障迫降在山野，正当他在地面检查飞机起落架时，突然有头白熊抓住了他的肩头。情急之下，飞行员竟然一下跳上了离地面2米高的机翼。令人不可思议的是，他是穿着笨拙的皮鞋，沉重的大衣和肥大的裤子跳上去的。

　　一个平时做不到的事，在一个特定的环境里却能做到，这就是人的潜力。人在危急关头往往能充分发挥出巨大的潜在能力。

　　一位50多岁的妇女在烈火蔓延之际，抱起一个超过她体重的、装有贵重物品的柜子，一口气从10楼搬到楼下的空地上。可是等到大火被扑灭之后，她却怎么使劲也搬不动那个柜子了。

　　18岁的南非青年贝德鲁斯，在南非纳达鲁州荒凉的山谷中放牧。突然，一条长达3米的蛇从草丛中窜出，向他袭来，他还没来得及使用手中的木棒，全身就被大蛇缠住了。面对死亡的威胁，不知他从哪来的勇气和力量，他猛地咬住蛇头的一块地方。蛇皮硬若牛皮，他便狠狠用力。蛇皮终于被他咬破，黑色的血液如注般流了出来，灌了他一嘴，15分钟后，大蛇因失血过多而松开了身子，

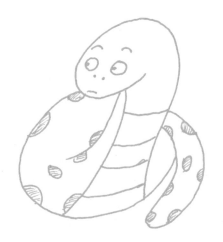

滑落在地上，贝德鲁斯终于获救了。

　　还有这样一个例子，显示着人体有着惊人的潜力：美国波士顿有一位80岁的老翁，一次在马路上不幸被卡车撞死。医生在做尸检时发现老人体内的很多内脏器官早已发生严重病变，其中每种病变几乎都可以置他于死地。然而，死者生前一直生活得很好，并走亲访友，四处活动。这一奇迹是怎么出现的呢？

　　人体许多器官都有很大的潜力，万一器官的一部分损坏了，另一部分就会取而代之，继续维持正常的功能。例如，一侧的肺因病变被切除后，单靠另一侧的肺也足以满足正常的生理需要。又如，当一侧的肾坏死之后，另一个肾则能完成两个肾的功能。

　　据科学家们研究，大多数人的大脑细胞在一生中被开发利用的只占全部脑细胞的10%，即使人高度紧张和兴奋时，也有大约50%的脑细胞处于休眠状态。所以人的潜力是相当惊人的，如果我们能不断开发利用自己的潜力，那么我们将做到很多我们本以为我们做不到的事情。

知识链接

开发自身的潜力

　　人的潜力如何开发呢？身心的锻炼，是增强人体潜力的重要方法。经常参加体育锻炼的人，心肺潜力比长期静止的人大得多。经常用脑的人，记忆力和判断力会大为提高。信心和意志是开发潜力的有力武器。有些病入膏肓的人，表现出顽强的求生意志，这时，他体内各种抗病潜力都会被动员起来，这样一来，往往能创造医学史上的奇迹。

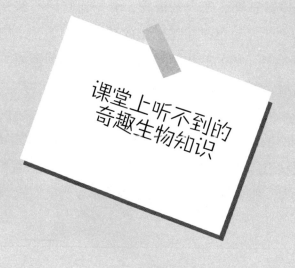

四

小小世界中的大秘密——微生物

1. 伟大的发现

1675年的一天，天空中忽然下起了滂沱大雨，荷兰科学家列文·虎克狭小的实验室又黑又闷，这使虎克无法再在显微镜下观察了，于是他便站在屋檐下，眺望从天上飞落而下的雨水。忽然，他脑海里萌生了一个奇怪的念头：这雨水里面会不会有其他的东西呢？于是，他拿来一个盆，在水塘里取了一些雨水，然后滴了一滴在显微镜下，进行观察。

"这是什么东西？"列文·虎克大叫起来。

原来，他看到雨水里有无数奇形怪状的小东西在蠕动。起初他十分惊讶，连忙大声呼唤自己的女儿。女儿听到父亲的喊叫声，以为实验室过程中发生了什么意外，于是直奔实验室而来。来到实验室的女儿也看到了显微镜下的这个奇观。

虎克并没有放弃对这个问题的探索，他叫女儿用干净的杯子到外面接了半杯雨水，然后取一滴，放在显微镜下，结果却没有看到什么东西。可是，过几天再观察，杯子里的雨水就有"小居民"了。因此，虎克得出结论：这些"小居民"不是来自天上的。

自从在雨水里发现"小居民"后，虎克又转向研究其他东西，他想，其他东西中是否也存在这样的"小居民"呢？他将别人的牙垢取下来观察，又将泥土取来，稀释后观察，结果也看到了"小居民"。列文·虎克将这些实验记录写成实验报告，寄给了英国皇家学会。

英国皇家学会派了12名学术权威专家对虎克的发现进行了考察，惊叹虎克的发现"具有里程碑的意义"。

其实，虎克发现的"小居民"就是后来人们所说的细菌。他的这一发现，打开了微观世界的一扇窗口，开创了微生物学这一全新的领域。

知识链接

细菌

细菌是属于原核型细胞的一种单胞生物，形体很小，结构简单。没有成形细胞核，也无核仁和核膜，除核蛋白体外无其他细胞器。在适宜的条件下其保持相对稳定的形态与结构。研究细菌的形态对诊断和防治疾病以及研究细菌等方面的工作，具有重要的理论和实际意义。

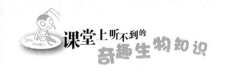

2. 粉螟虫死亡之谜

1909年，德国苏云金的一家面粉加工厂中发生了一件奇怪的事，本来一种叫地中海粉螟的幼虫每天都在仓库中到处飞舞，但后来不知是什么原因，这种幼虫突然大量死亡。面粉厂的人觉得奇怪，就把这些死亡的地中海粉螟幼虫的尸体寄给生物学家贝尔林内，希望他帮忙查一下原因。贝尔林内对此十分感兴趣，他决定要揭开粉螟幼虫死亡的秘密。

在无数次的实验后，贝尔林内终于在1911年从虫尸中分离出一种杆状细菌。

他把这种菌涂在叶子上，再将粉螟幼虫放到这些叶子上，然后观察到，等粉螟幼虫吃下这些叶子后，先是惶惶不安，过了两天后便纷纷死去。而这种细菌却生长旺盛，一天就可在细胞端长成一个芽孢。芽孢就是一个结实的"蛋"，不仅可以"孵化"出下一代，而且还有一层厚厚的壁，能更好地抵抗诸如高温、干旱等一

些不利的外界环境。

四年以后，贝尔林内详细描述了这种微生物的特性，并给它命名为苏云金杆菌。他后来还发现，在细菌的芽孢形成后不久，会形成一些正方形或菱形的晶体，称为伴孢晶体。

苏云金杆菌的发现，使人们自然想到利用它来给害虫制造麻烦，以杀灭害虫。但由于化学农药的价格优势，苏云金杆菌长期未获得产业界的足够重视。

直到今天，随着化学农药造成的环境污染日益严重，人们才回过头来重新认识用细菌防治害虫的意义，苏云金杆菌重新走进了人们的视野。

知识链接

苏云金杆菌

苏云金杆菌产生的对昆虫有致病作用的毒素有7种，即 α - 外毒素、β -外毒素、γ -外毒素、δ -内毒素、不稳定外毒素、水溶性毒素、鼠因子外毒素。

苏云金杆菌杀死昆虫可由菌体本身的活动而引起，但是使害虫死亡的更主要的原因是菌体产生的毒素。这种毒素不仅能帮助细菌入侵，而且可使害虫在短时间内中毒身亡。

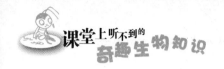

3.有效的灭菌法

法国的葡萄酒在世界上的名气不小。可在1864年，作为法国经济命脉的酿酒业正受到严重的挑战，很多葡萄酒、啤酒常常因为变酸而不得不被倒掉，这给酒商们造成了巨大的损失。酒商们叫苦不迭，有的甚至因此而破产。

在这个危急时刻，拿破仑三世皇帝再也不能眼睁睁地看着这种巨大的损失继续扩大了。他决定让著名的生物学家巴斯德想办法挽救这一损失，挽救酿酒行业。

巴斯德来到酒厂，从变酸的酒桶里取了一些灰色的发黏液体，又从装好酒的桶里取出一些正在发酵的甜菜汁，分别带回实验室，放到显微镜下观察。巴斯德发现，甜菜汁里面有无数个微小的、圆球似的东西，正在不停地跳动；而灰色黏液里，则有许多棒状的小东西在游动。巴斯德感到很奇怪，他翻阅了许多文献，终于弄明白，原来，它们是两种细菌：圆球的酵母菌把粮食酿成酒，而棒状的乳酸杆菌却把酒变酸。

　　葡萄酒变酸的秘密终于被揭开了，可是，该怎么防止酒液变酸呢？巴斯德经过反复试验，终于找到了一个好办法。他让酒厂老板把刚酿好的酒慢慢加热到60℃左右，并保温一段时间，这样就可以杀死酒中的杆菌了。酒厂老板照此做了，葡萄酒果然不会变酸了。

　　后来，人们把这种"缓慢加热杀死有害细菌"的方法叫做"巴氏灭菌法"。直到今天，很多葡萄酒、牛乳、蜂蜜等食品的杀菌，仍采用这种方法。

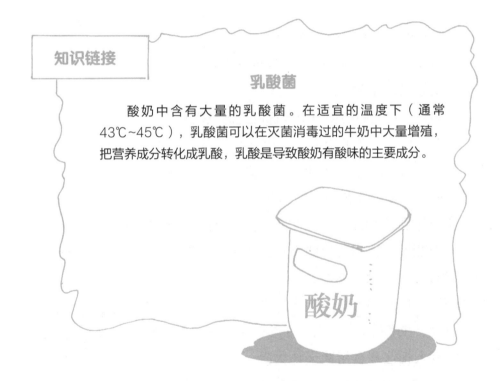

知识链接

乳酸菌

　　酸奶中含有大量的乳酸菌。在适宜的温度下（通常43℃~45℃），乳酸菌可以在灭菌消毒过的牛奶中大量增殖，把营养成分转化成乳酸，乳酸是导致酸奶有酸味的主要成分。

4.美味的真菌

什么样的微生物味道最美呢?

很多人会立即反问,微生物也可以吃吗?

其实答案是肯定的。

我相信,我们中的每一个人都吃过蘑菇吧!

吃蘑菇与吃微生物有什么关系呢?你知道吗?我们日常食用的美味可口的蘑菇就属于微生物中的真菌,它们是可食用菌,大部分属于担子菌——这是一类最高级的真菌。

有统计数字表明,在已知的550种左右食用菌中,担子菌占95%以上。可食用和有医用价值的常见担子菌有香菇、凤尾菇、金针菇、草菇、竹苏、牛肝菌、木耳、银耳、猴头菌、口蘑、松茸、灵芝、茯苓、马勃、虫草等。

常有人把这些食用菌误认为是植物。比如,通常人们认为蘑菇是一种植物,这当然不对。

其实,蘑菇等食用菌与植物有本质的区别。担子菌不含叶绿素,不能进行光合作用获得能量,无论是它们的细胞结构还是繁殖方式都与其他真菌类似，只是更为复杂一些，这是它们与植物区别的重要标志。

它们往往形成较大的个体，这称为子实体。食用菌营养丰富，首先，它含有丰富的蛋白质。这些蛋白质中所含的氨基酸的种类齐全，尤其是人体所需的氨基酸，它们全部可以供给。例如，在蘑菇、草菇和金针菇中含有丰富的一般谷物中缺乏的赖氨酸，因此它们最适合补充人体所需的赖氨酸。

另外，食用菌中所含的维生素十分丰富，有维生素B_1、维生素B_2、维生素B_{12}、维生素R、维生素D、维生素C、维生素PP、泛酸、烟酸、叶酸、维生素H等。

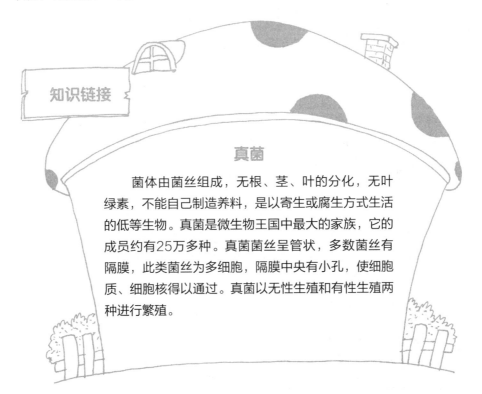

知识链接

真菌

菌体由菌丝组成，无根、茎、叶的分化，无叶绿素，不能自己制造养料，是以寄生或腐生方式生活的低等生物。真菌是微生物王国中最大的家族，它的成员约有25万多种。真菌菌丝呈管状，多数菌丝有隔膜，此类菌丝为多细胞，隔膜中央有小孔，使细胞质、细胞核得以通过。真菌以无性生殖和有性生殖两种进行繁殖。

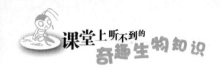

5. 酱油上的白花

　　入夏后的一天傍晚，妈妈让雷雷去楼下的小店买瓶酱油。酱油买回来了，妈妈打开一看，上面却浮着一层白花。于是妈妈说酱油有问题，雷雷想不明白：这酱油是今年5月份生产的，肯定没有过期；酱油瓶密封得也挺好的，怎么会有问题呢？于是，雷雷去书房问在学校里教生物的爸爸。

　　爸爸笑着告诉雷雷，酱油表面生花，这是一种很常见的现象。尤其是在初夏到深秋之间，在酱油的表面，常常可以看见一朵朵白色的"花"——白浮。这些白浮最初只不过是一个个白色的小圆点，但是这些小圆点一天天变大，成了有皱纹的被膜，日子久了，颜色就会渐渐转为黄褐色。这一现象，叫做酱油发霉或酱油生花。

　　那么酱油生花究竟是怎么回事呢？

　　酱油生花，主要是由一种产膜性酵母菌寄生、繁殖而成的。据研究，这些酵母菌有七八种。这些酵母菌大都是杆状的或球状的，用孢子进行繁殖，这些孢子轻而小，在空中到处飞扬，落到

酱油中便"生子生孙"，大量繁殖起来。

虽然产膜性酵母是酱油生花的祸首，但这与外界条件也有关系：

首先是气温。产膜性酵母菌最适宜的繁殖温度是30℃左右。因此在一年之中，夏、秋繁殖很盛，寒冬则繁殖较难。

其次与卫生环境的干净与否有关。酱油厂灰尘多或工具不洁，就会使产膜性酵母菌混进酱油。

最后，它还与酱油成分有关。酱油含盐量高，不易生花；含糖量高，则易生花。

为了防止酱油生花，可把酱油加热或暴晒，进行杀菌；或在酱油上倒一滴菜油或麻油，使酱油与空气隔绝。切忌在酱油中掺入生水。

知识链接

酵母菌

酵母菌在酿造、食品、医药等工业上占有重要的地位。早在四千多年前的殷商时代，中国就用酵母菌酿酒。

酵母菌属单细胞真菌。一般呈卵圆形、圆形、圆柱形或柠檬形。菌落形态与细菌相似，但较大较厚，呈乳白色或红色，表面湿润、黏稠，易被挑起。生殖方式分无性繁殖和有性繁殖两种。酵母菌分布很广，在含糖较多的蔬菜、水果表面分布较多，在空气和土壤中较少。

6. 黄豆根上的"肿瘤"

一个星期天的上午，明明到郊区外婆家去玩。恰巧舅舅要去农田里干活，明明也一蹦一跳地跟舅舅来到农里。

舅舅在农田里干着活，明明就在田边玩耍，一不小心，他把一颗快要成熟的黄豆给拔了出来。明明惊奇地发现，黄豆根部长了一些小"肿瘤"。他想，这黄豆一定是得什么病了，于是赶快拿着那颗黄豆跑到舅舅面前。

舅舅看着明明手里那颗黄豆笑了，并告诉他这些疙瘩是由于植物根部被根瘤菌侵入后形成的"肿瘤"。不过，这些"肿瘤"的存在不仅不会使植物生病，反而会不断地为植物提供营养。

听舅舅这么一说，明明反而有点蒙了，问道："细菌不是能让植物生病吗？现在怎么又说它不会让黄豆生病呢？"

舅舅告诉明明说，根瘤菌侵入豆科植物根部形成"肿瘤"后，虽然在根瘤中它们是依靠植物提供的营养来生活的，但同时它们也把空气中游离的氮气固定

下来，转变成植物可以吸收利用的氮。这样，一个个小疙瘩就像是建在植物根部的一个个"小化肥厂"，为植物提供营养。

因此也可以说根瘤菌与植物的关系是"相依为命"的，它们之间是"共生的关系"。根瘤菌固氮的最大优点是，由于它们与植物的根系的"亲密接触"，使得固定下来的氮几乎能百分之百地被植物吸收，而不会跑到土壤中造成环境污染。

现在，因为使用化肥存在着某些严重的缺点，因此，人们都在大力研究和推广新型的绿色肥料——微生物肥料。简单地说，这种肥料就是利用特定微生物来增加土壤肥力的微生物品，就如同黄豆根部的根瘤菌一样。微生物肥料又称细菌肥料或菌肥，这是因为其中涉及的微生物大部分是细菌的缘故。

知识链接

固氮微生物

除了根瘤菌这类与植物共生的固氮微生物外，在土壤中还存在如自生固氮菌、氮单孢菌、贝氏固氮菌、固氮螺菌等固氮细菌。不过，这些固氮微生物往往只固定产生仅够自身用的氮，比起根瘤菌来，就差很远了。

固氮菌

7.石油勘探"向导"

石油似乎天生就与微生物有缘。从它的来源和形成，到勘探、开采、应用，乃至对石油在开采、运输和应用过程中造成的污染的清除，到处都有微生物的参与。

一般认为，石油是由深埋在地下的古代动、植物和微生物的残体，在地层深处的压力和温度下经受漫长的演变而形成的。人们想到石油的形成一定与微生物的作用有关，因为在原油中发现的一些特殊微生物的存在，至少可以说明微生物参与了石油的后期演变。

我们知道，有些微生物喜欢以烃类有机物为食，虽然跑到地表层的烃很少，但也足以让一些这样的微生物维持生命并繁衍后代了。因此，勘探队员如果在某地区的土壤中发现大量的以烃为食的微生物，就说明那里很有可能有石油，再配合其他的探测方法，就可以确定石油的分布范围了。这样，微生物就成了名副其实的采油向导。

现在微生物采油技术又可分为地上微生物采油技术和地下微生物采油技术。地上微生物采油技术是在地面上的工厂里，利

用微生物发酵生产出一些微生物多糖或者微生物表面活性剂，然后再把这些多糖或表面活性剂加到用来驱油的水中，以便能提高原油开采量。这种采油技术的优点是效果比较明显，速度快，但是发酵成本比较高。

地下采油技术是将一些特定的微生物和一定量必要的营养物质（通常是廉价的蔗糖工业副产物糖蜜等）一起注入贮油岩层，微生物就在天然的"发酵罐"中生长繁殖，利用生成的大量微生物细胞以及它们在生长过程中产生的代谢物来改变原油的性质，提高开采效率。

知识链接

令人惊讶的微生物

近几年研究发现，有多到令人惊讶的微生物种类悄悄地并且大量地生活在过去被人认为环境严酷、绝对无法生存的地底深处。这些地方没有光线、氧气，只有高温和高压。这些微生物多数完全不需要太阳能，它们会利用地球内部的热能来合成它们所需的有机物。这种生存方式推翻了我们以往的常识，可以说，它们是一种新的生命形式。

8. 得病的白菜

刘大爷有一大排的蔬菜大棚，棚里种着白菜。

这天早饭后，刘大爷像往常一样到自家的大棚中忙碌。但是他突然发现大棚中的白菜出现了一种不正常的现象，只见叶片正面有一些边缘不清楚的褐色或黄绿色的斑。

刘大爷以为是普通的病虫害，于是赶紧找了一些常备的农药喷在白菜上。可是没过几天，这叶子上的斑不仅没有好转，反而变成了褐色。这下刘大爷急了，急忙跑到县里的种子站，找到他熟悉的技术员小张，把相关情况对小张说了。

小张听完后就赶紧跟随刘大爷去大棚察看情况，看过受害的白菜以后，小张想，白菜大概是被霜霉菌侵害了，但是他也不敢轻易下结论。于是小张马上带了几棵受害的白菜回到县里检验，检验结果出来了，危害白菜的罪魁祸首果然是霜霉菌。

小张立即给刘大爷打电话说明了情况，并且告诉刘大爷，这

种病菌一旦侵害到白菜，首先白菜叶子会呈现边缘不清楚的褐色或黄绿色的斑，几天后这种斑就转变为褐色。另外，在病斑的背面有稀疏的白色或灰色霉层，那是病菌从寄主的气孔中伸出的孢囊梗和孢子囊。同时白菜的花序也会受到伤害，受害的花序扭曲肿大，有的就形成所谓的"龙头"状。

配上药后，小张亲自把药送到刘大爷手上。几天过去了，刘大爷惊喜地发现白菜上原来的斑不见了，大白菜又焕发了生机。

知识链接

霜霉目真菌

霜霉目真菌的藏卵器中只形成一个卵孢子；游动孢子没有两游现象，孢子囊一般是产生在特殊分化的孢囊梗上脱落。根据孢囊梗的形态特点，霜霉目分为腐霉菌科、白锈菌科和霜霉菌科。该目的病菌常引起植物病。

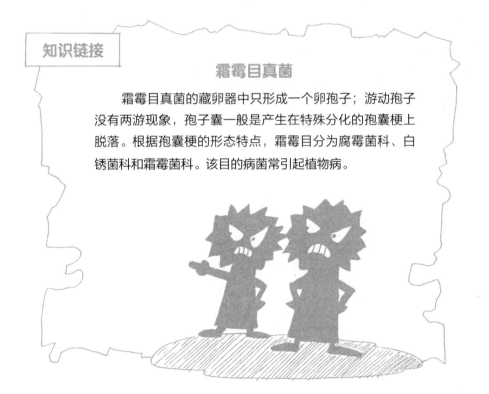